Biomedizinische Untersuchungen und Behandlungsmethoden beim Autistischen Syndrom und AD(H)D

Grundlagen und Praxis

von Dr. med. S. Faraji

Dr. med. Salaheddin Faraji
Arzt in eigener Praxis
Ludwig-Erk-Platz 5
35578 Wetzlar
email: sfaraji@t-online.de

Titelaufnahme der Deutschen Bibliothek
Dr. med. S. Faraji
Biomedizinische Untersuchungen und Behandlungsmethoden beim Autistischen Syndrom und AD(H)D
ISBN 978-3-00-021202-4

April 2007

Wichtiger Hinweis
Soweit in diesem Werk Therapien und Dosierungen erwähnt werden, darf der Leser darauf vertrauen, dass größte Mühe darauf verwandt wurde, dass diese Angaben und Empfehlungen dem Wissenstand bei Fertigstellung des Buches entsprechen. Dennoch ist jeder Benutzer aufgefordert, die Indikation und Dosierung in eigener Verantwortung zu prüfen. Eine solche Prüfung ist besonders wichtig bei Anpassung der Dosierung bei der Behandlung von Kindern.

„Nur wer die Sehnsucht kennt, weiß,
wie ich leide“

Goethe

Meinem geliebten Sohn Farid

Vorwort

Vor etwa 7 Jahren, Anfang 1999, als bei unserem Sohn die Diagnose Autismus gestellt wurde, stand ich vor einem anscheinend unlösbaren Problem. Bis zu diesem Zeitpunkt kannte ich nur Herausforderungen und keine Probleme. Seit dem wurde der Kampf gegen Autismus zu der, vielleicht der größten Herausforderung meines Lebens. Der neuen Situation musste vieles untergeordnet werden, angefangen bei der Familienplanung - der Wunsch auf weitere Kinder wurde zurückgestellt - bis hin zu Wohnort, Hauskauf, Arbeitsplatz...usw. Der Kampf gegen Autismus wurde Lebensaufgabe und sogar -inhalt. Bis jetzt aber, habe ich die Entscheidung ihn aufzunehmen, nicht bereut und bin froh, dass ich meinem Sohn und vielen anderen Kindern helfen konnte bzw. kann, auch wenn ich oft mit der Geschwindigkeit der Entwicklung und den erzielten Erfolgen noch nicht ganz zufrieden bin.

Es gibt genügend Bücher, die sich mit der Geschichte und der Definition von Autismus beschäftigen und die Aussichtslosigkeit dieser unheilbaren Erkrankung ausführlich schildern, oder aber sie als eine psychiatrische Erkrankung zu erklären versuchen. Dies alles und auch diverse Statistiken möchte ich meinen Lesern ersparen und mich auf das beschränken, was ich vor 7 Jahren als Betroffener unter anderem gebraucht hätte, um weiterkommen zu können. Die folgenden Seiten sollen, möglichst allgemein verständlich, die Grundlage des Pathomechanismuses des Autismus und neue Therapiemöglichkeiten darstellen. Dies wird auf Grund der Komplexität der Thematik und abhängig von den Grundkenntnissen einzelner Leser, leider nicht immer gewährleistet sein. Auch wenn der detaillierte Einblick wegen vieler Fachbegriffe an manchen Stellen mühsam erscheint, werden die

Zusammenhänge für Laien so erläutert, dass auch diese den Überblick nicht verlieren.
Schwerpunktthema wird die Biomedizin sein, ein Begriff, den wir von amerikanischen Forschern übernommen haben und der im deutschsprachigen Raum Orthomolekularmedizin und Naturheilkunde in sich vereint.
In einer kurzen Einleitung wird eine Diagnosemöglichkeit der Krankheit vorgestellt. Es werden Theorien der möglichen organischen Ursachen erklärt und praktische Hinweise auf laborchemische Untersuchungen gegeben. Anschließend werden die orthomolekulare Therapie und einige Präparate in diesem Zusammenhang beschrieben. Dies ist das erste, im deutschsprachigen Raum verfasste Buch zu diesem Thema. Es basiert auf Praxiserfahrungen, eigenen Dokumentationen und Statistiken.
Biomedizinische Behandlungen bei Autismus und AD(H)D setzen sich immer mehr als Basistherapien durch. Manchem Kritiker aus dem Lager der Psychiatrie und Psychologie fällt es schwer, sich organische Ursachen für eine Entwicklungs- und Verhaltensstörung vorzustellen. Einzelne hiervon sehen die eigene Daseinsberechtigung in Frage gestellt und reagieren ignorant bis aggressiv. Die Befürworter sind oft betroffene Eltern, meistens von jüngeren Kindern, die vom vorhandenen Angebot im Bereich konventioneller Therapien enttäuscht sind. Sie ernten allerdings mit ihren Vorschlägen und Fragen bzgl. der Biomedizin bei der Ärzteschaft alles andere als Begeisterung und auch bei den Krankenkassen fehlt jegliche Grundlage zur Diskussion um eine Finanzierung.
Mit diesem Buch versuche ich zur Versachlichung der Diskussion um den Einsatz von Biomedizin in der Diagnose und Therapie von AD(H)D und Autismus beizutragen. Einerseits möchte ich, anhand von Beispielen, aus den Laborparameter aufzeigen, dass Abweichungen, die mit der Entstehung der Erkrankung in Zusammenhang stehen, vorhanden sind, um damit Eltern, Therapeuten und Ärzte darauf aufmerksam zu machen. Anderseits kann ich

niemandem eine „Gebrauchsanweisung“ für Autisten in die Hand drücken, weil ich uns damit einen Bärendienst ersparen möchte.

Darüber hinaus ist das Buch sehr praxisorientiert und an manchen Stellen mit Dosisangaben und praktischen Anweisungen versehen, die bei der Behandlung dieser Erkrankung oft hilfreich sein können.

Zuletzt möchte ich mich bei allen Eltern, die Erfahrungsberichte geschrieben haben, herzlich bedanken und an dieser Stelle um Verständnis bitten, dass aus Platzmangel nicht alle Berichte in diesem Werk erscheinen können.

Wetzlar im März 2007

Dr. Faraji

Inhaltsverzeichnis

1. Allgemeines

1.1. Einleitung

Auf den folgenden Seiten wird versucht, möglichst allgemein verständlich, ein höchst komplexes medizinisches Thema zu bearbeiten, nämlich den Pathomechanismus des Autistischen Syndroms, seiner Diagnostik und neue Untersuchungs- und Behandlungsmöglichkeiten darzustellen. Die Wiederholung der Historie, die ersten Fallbeschreibungen aus dem Jahre 1943 von Leo Kanner, Statistiken und überholte Theorien möchte ich den Lesern allerdings an dieser Stelle ersparen und mich statt dessen mit biomedizinischen Untersuchungen und Behandlungsmöglichkeiten beschäftigen, laborchemische Auffälligkeiten vorstellen, sowie einige Antworten und viele Fragen formulieren. Ich gehe davon aus, dass wir uns an den Theorien und Erklärungsversuchen bezüglich der Ursache vom Autistischen Syndrom aus den vierziger bis siebziger Jahren heute nicht mehr festhalten dürfen und neue Wege, gestützt auf moderne Medizin, gehen und neue Möglichkeiten suchen müssen. Nach vielen Erfolgserlebnissen in meiner Praxis bin ich davon überzeugt, dass wir auf dem richtigen Weg, viele Fragen aber noch offen sind.

Als Diagnosemöglichkeit möchte ich nur kurz das Klassifikationsschemata nach DMS IV vorstellen, das eine Vereinfachung und einen Forschritt hinsichtlich der Vereinheitlichung der Diagnosestellung bietet. Es gibt allerdings noch andere, auch von deutschen Forschern entwickelte Klassifikationsschemata, die zur Diagnosestellung, Beurteilung der Teilleistungen und Einschätzung der Intelligenz herangezogen werden können.

Die aufgeführten Merkmale der Erkrankung sehe ich eher als Schutzmechanismen und Anpassungsmaßnahmen, die die Betroffenen entwickeln, um mit ihrer Wahrnehmungsstörung zurecht zu kommen. Die Anzeichen, mit denen die Krankheit diagnostiziert wird, sind Folgen der Sinnesverarbeitungsstörungen, die bei der Diagnose Autismus leider wenig

Beachtung finden und in den Hintergrund geraten. Diese Vorgehensweise hat in der Therapie gravierenden Folgen. Bei verzögertem Einsetzen oder Ausbleiben der Entwicklung der Sprache z.B., sollte man zuerst an eine Hörwahrnehmungsstörung denken. Das Autistische Syndrom wird aber anhand von Anpassungsmaßnahmen, die die Betroffenen entwickeln, diagnostiziert, ohne ernsthafte Ursachenforschung zu betreiben. Demzufolge kann sich die „Therapie“ nur auf diese Merkmale konzentrieren und sie nur steuern und verwalten.

Wir Akademiker müssen alles definieren, klassifizieren und in verschiedene Untergruppen unterteilen, die ihrerseits wieder neu definiert werden usw. usw. Nur so fühlen wir uns sicher und können die Dinge und Phänomene verstehen und erklären. Wir definieren, was gesund und was krank ist und ziehen eine scharfe Grenze dazwischen. Alles muss auf seinen Platz und die Welt ist in *Ordnung*. In der Realität sieht aber alles ganz anders aus, weil es viele Grenzfälle gibt. Keine Sorge, die werden wir auch noch irgendwie definieren und klassifizieren können.

In der Forschung hat sich der Begriff „Doppelblind randomisiert“ etabliert. Randomisierung bedeutet Zufallszuteilung, d. h. Probanden oder Patienten nicht auszusuchen sondern unselektiert in eine Studie aufnehmen. Doppelblind heißt, weder der Untersuchende noch der Proband weiß, ob er der Prüfgruppe oder der Kontrollgruppe zugeteilt wurde. Teilnehmer der Prüfgruppe bekommen ein Präparat oder eine Anwendung, das bzw. die getestet werden soll, im Vergleich mit bisherigen Maßnahmen oder Placebos, die in der Kontrollgruppe durchgeführt bzw. gegeben werden. Die Ergebnisse werden erfasst und statistisch ausgewertet. Bei Zulassungsverfahren von Arzneimitteln sollen sich neue Präparate in diesem Verfahren gegen oder neben etablierten, bisher eingesetzten, oder im Vergleich zum Placebo, behaupten. Es geht hierbei darum, ob das neue Medikament für eine Population, die unsere Prüfgruppe repräsentieren soll, geeignet, indiziert, verträglich oder vorteilhaft ist oder nicht.

Das ist eine weltweit anerkannte Methode zu Durchführung wissenschaftlicher Arbeiten. Ich sehe darin aber einige Probleme, vor allem wenn diese Methode auf nicht medikamentöse Therapien übertragen wird:

a) eine Population stellt die Zielgruppe dar und kein Individuum. Ich denke an eine Studie von Sudhir Gupta, veröffentlicht im *Journal of Child Neurology (1999, March).* Es wurden zehn Kinder mit Autismus, mit intravenöser Immunglobulin-Gabe behandelt. Ein Kind wurde angeblich gesund. Bei der statischen Auswertung stellte sich das Ergebnis bei geringer Anzahl der Probanden und nur 10% Heilung als nicht signifikant heraus. Was dies aber für das betroffene Kind und seine Familie bedeutet, ist wahrscheinlich statistisch nicht erfassbar.

b) Doppelblind ist bei vielen Therapien nicht möglich. Wie kann eine Verhaltenstherapie oder eine manuelle Behandlung doppelblind durchgeführt werden?

c) in der Statistik werden Einzellfälle nicht bewertet. Statistik ist sicherlich von großer Bedeutung für Politiker, Volkswirtschaftler, Gesundheitspolitik und Massenproduktionen. Im ärztlichen Alltag zählt der Patient als Individuum, auch wenn er zu den statistisch nicht signifikanten 10% gehören würde. Medizin ist und bleibt eine Erfahrungswissenschaft und darf sich nicht auf die Vorgaben aus der Industrie beschränken.

In diesem Werk wird das Krankheitsbild Aufmerksamkeitsdefizit mit oder ohne Hyperaktivität parallel oder eher im Schatten des Autistischen Syndroms bearbeitet. Die graphisch dargestellten Laborparameter beschränken sich ausschließlich auf die Ergebnisse von Patienten aus dem autistischen Spektrum, weil deren Aussagekraft eindeutiger ist. Die separate Darstellung von Ergebnissen der AD(H)D-Patienten würden ähnliche, qualitativ vergleichbare wenn auch quantitativ nicht identische Ergebnisse aufweisen.

1.2. Warum Autistisches Syndrom?

Ich verwende ungern das Wort „Autismus“ und bevorzuge an dessen Stelle „das Autistische Syndrom“ oder „Autistische Entwicklungsstörung“, weil diese Erkrankung die Summe mehrerer unterschiedlich ausgeprägter Symptome verschiedener Ursachen ist. Trotz allen gemeinsamen Symptomen ist das Krankheitsbild so vielfältig, dass es mir schwer fällt von Autismus zu sprechen. Das Autistische Syndrom ist eine organische Erkrankung unterschiedlicher Ursachen und Ausprägung, eine Entwicklungsstörung aufgrund einer Wahrnehmungsstörung, bedingt durch eine Störung der Verarbeitung der Sinnesreize, die zu Kommunikationsstörungen führt. Das Autistische Syndrom ist somit keine „psychiatrische Erkrankung“ im eigentlichen Sinne, sondern vielmehr ein Problem mit somatischen Ursachen, das entsprechend behandelt werden kann, um eine Verbesserung der Lebensqualität der Patienten und ihrer Angehörigen herbeizuführen.

Ursache – Erscheinungsbild - Therapie
Syndrom: Eine Symptomatik mit weitgehend identischem Symptomenmuster durch vielfältige Ursachen bedingter oder nur teilweise bekannter Ätiologie.

„Autismus war jahrzehntelang beim Psychiater, Psychotherapeuten und Psychologen „beheimatet“ und hat sich immer mehr zu einem unlösbaren Rätsel entwickelt – ein Labyrinth ohne Ausweg. Meines Erachtens ist diese Krankheit hier nicht gut aufgehoben (was der Zustand der Mehrheit der heute erwachsenen Autisten bestätigt), bis auf die Ausnahmesituationen in Notfällen, in denen Autisten mit Psychopharmaka unter psychiatrischer Kontrolle behandelt werden müssen. Dies sollte aber für Notfälle vorbehalten bleiben.

2. Diagnose

Die **Diagnosestellung nach DSM IV** erfolgt durch ein anamnestisches Gespräch mit den Eltern (Betreuern) sowie Spiel- und Verhaltensbeobachtungen des Betroffenen.

Nach DSM IV werden die Symptome in drei Gruppen aufgeteilt, wobei mindestens 6 Punkte aus den diagnostischen Kriterien erfüllt sein müssen, um die Diagnose „Frühkindlicher Autismus“ stellen zu können.

1. Qualitative Beeinträchtigung der sozialen Interaktion (mindestens 2 Merkmale müssen zutreffen).

    1.1. Ausgeprägte Beeinträchtigung im Gebrauch vielfältiger nonverbaler Verhaltensweisen, wie z. B. Blickkontakt, Körperhaltung und Mimik zur Steuerung sozialer Interaktionen.

    1.2. Unfähigkeit entwicklungsgemäße Beziehungen zu Gleichaltrigen aufzubauen.

    1.3. Unfähigkeit, spontan Freude, Interessen oder Erfolge mit anderen zu teilen.

    1.4. Mangel an sozio-emotionaler Gegenseitigkeit.

2. Qualitative Beeinträchtigung der Kommunikation (mindestens ein Kriterium muss zutreffen).

    2.1. Verzögertes Einsetzen oder Ausbleiben der Entwicklung von Sprache.

    2.2. Bei Personen mit Sprachvermögen deutliche Beeinträchtigung der Fähigkeit, ein Gespräch zu beginnen oder fortzusetzen.

    2.3. Bei vorhandener Sprache, Auffälligkeit des Sprechrhythmus, Betonung, Geschwindigkeit, Stimmhöhe oder Intonation sowie Stereotypien.

    2.4. Fehlen von Rollenspielen, Imitationsspielen oder Phantasiespielen.

3. Stereotype und repetitive Verhaltensweisen und beschränkte Interessen (mindestens 1 Kriterium muss zutreffen).

3.1. Begrenzte Interessen, stereotype Verhaltensweise.

3.2. Starres Festhalten an Gewohnheiten und Ritualen. Reaktion auf Veränderungen mit Widerstand und sogar Panik.

3.3. Stereotype motorische Manierismen, wie Drehbewegungen oder Flattern von Händen, Hüpfen oder komplexe Bewegungen des ganzen Körpers.

3.4. Objektfremde Beschäftigung mit Spielsachen, Beschäftigung mit Teilen von Objekten wie dem Drehen von Rädern des Autospielzeuges....

Wenn die Kriterien nicht vollständig erfüllt und nur einige Symptome vorhanden sind, spricht man vom Atypischen Autismus oder Entwicklungsstörungen mit autistischen Zügen.

3. Darm und Diäten

Schon im Jahre 1971 haben Wissenschaftler Goodwin und Cowen in einer Veröffentlichung den Zusammenhang zwischen Verdauungsstörungen und der Entwicklung autistischer Merkmale dargestellt. Um die Zusammenhänge besser verstehen zu können, müssen an dieser Stelle kurz der Aufbau und die Funktionen des Darms darstellt werden.

3.1. Der Dünndarm, das unbekannte Organ

Im etwa 6 m langen Dünndarm (je nach Kontraktionszustand zwischen 4-6 m) wird der Nahrungsbrei in Moleküle aufgespalten und durch die Schleimhaut aufgenommen. Der Dünndarm besteht aus drei Abschnitten, die fließend ineinander übergehen: Zwölffingerdarm, Leerdarm und Krummdarm. Er ist kein einfacher Schlauch sondern die Schleimhautoberfläche wird durch Falten, Zotten und die Mikrovilli (Bürstensaum) vergrößert. Die insgesamt über 600 Falten bilden das Grobrelief und vergrößern die Fläche um etwa 35% - 40% auf 0,6 - 1 m^2. Die Zotten vergrößern sie als Feinrelief um das 6 fache auf etwa 4 - 4,5 m^2. Die Mikrovilli - nur mikroskopisch sichtbar - führen zur

Vergrößerung der Aufnahmefläche um das 30-fache auf etwa 120-130m². Um das Ausmaß zu begreifen, muss man wissen, dass ein normal großer Mensch etwa 1,7 m² Haut aufweist.

Die Wand des Dünndarmes besteht aus folgenden Schichten von innen nach außen:

Schleimhaut

In der Schleimhaut befinden sich neben resorbierenden Zellen unterschiedliche Drüsenzellen:

Exokrine Drüsenzellen sezernieren ins Darmlumen

- Becherzellen
- Panethsche Körnerzellen: sondern exokrin Lysozym ab, ein Enzym der unspezifischen Abwehr, das Bakterien bekämpft und im Wachstum hemmt.

Endokrine Drüsenzellen: Ihr Produkt wird in die Blutbahn abgegeben.

- Gastrinzellen: Gastrin fördert die Magensaftsekretion
- Serotoninzellen: Serotonin fördert die Kontraktion der Darmmuskulatur und der Blutgefäße. Im Gehirn dient es als synaptischer Transmitter. Die Vorstufe von Serotonin und Melatonin ist die Aminosäure Tryptophan, die bei Autisten nachweislich niedriger ist im Vergleich zur Normalpopulation. Über die Funktionen der Aminosäure Tryptophan wird im Kapitel Orthomolekularmedizin (Kapitel 10) näher berichtet. Die Wissenschaftler DeLong, Robert; Teague, Lou Anne und Myra McSwain Kamran aus USA haben in einer Studie mit dem Medikament „Fluoxetine“, das die Wiederaufnahme von Serotonin an den Nervensynapsen und dadurch den Abbau von Serotonin hemmt, an 37 Kindern mit Autismus über Monate positive Wirkung auf autistische Symptome nachweisen können.

- Sekretinzellen: Sekretin stimuliert die Gallen- und Pankreassekretion sowie die Abgabe von Pepsin aus dem Magen. Im Gehirn dient Sekretin als Neurotransmitter. Reize für die Sekretinausschüttung sind bspw.:
  - Sauerer Darminhalt. Nur wenn der Mageninhalt sauer genug ist (pH < 2,5). Wenn im Magen nicht genügend Salzsäure produziert wird, ein Phänomen, das man bei vielen Kindern mit Autismus und AD(H)D kennt, fehlt das Signal zur Sekretion von Sekretin und anderen Pankreasenzymen.
  - Polypeptide der Nahrung.
- Entero-Glukogen-Zellen: Blutzuckersteigernd.
- Kinin produzierende Zellen: In Darmwand, Pankreas und Speicheldrüsen. Die Funktion von Kinin ist meines Wissens nicht vollständig bekannt.

In Anbetracht der Entwicklungsgeschichte und der entscheidenden Rolle der Darmflora für eine funktionierende Darmschleimhaut, müsste ich die wichtigsten Darmbakterien an dieser Stelle des Kapitels aufzählen. Um allerdings Provokationen zu vermeiden, werden die Mikroorganismen in einem anderen Kapitel dargestellt.

Schleimhautbindegewebe: enthält viele Lymphozyten, die der Abwehr dienen.

Schleimhautmuskelschicht: Die Darmmuskeln dienen der Bewegung und der Dehnung des Darmes.

Meissnerscher Plexus: gehört zum vegetativen Nervensystem und versorgt die Muskulatur und die Drüsen, die durch den Sympatikus gehemmt und durch den Parasympatikus aktiviert werden.

Der Zusammenhang zwischen dem Darm, dem Immunsystem und dem zentralen Nervensystem wurde auch vom Michael Gershom (The Second Brain; 1999) beschrieben.

Muskelschicht: Innere Ringmuskulatur und äußere Längsmuskulatur. Dazwischen sind Nervenzellen eingebettet.

Was sind Enzyme

Enzyme sind Katalysatoren der Zelle (Biokatalysatoren) und gehören zu den Proteinen. Enzymdefekte verursachen Stoffwechselkrankheiten, die meistens schon bei der Geburt vorhanden sind. In manchen Fällen ist eine Restfunktion der Enzyme noch vorhanden und weil eine Enzymsubstitution sich problematisch gestaltet, wird versucht, durch die Gabe von den entsprechenden Coenzymen die vorhandene Restfunktion zu optimieren.

Coenzyme sind niedermolekulare Nichtproteine, die bei Enzymen vorhanden sein müssen, um deren Funktionsfähigkeit zu ermöglichen. Die wichtigste Therapie bleibt aber eine entsprechende Diät!

Aufgaben des Dünndarms

Verdauung und Aufnahme
Nahrungsbrei in körpereigene Zellen umwandern und aufnehmen

Barrierefunktion
Abwehr gegen Viren, Bakterien, Pilze und Schadstoffe, die entweder mit der Nahrung aufgenommen oder bei der Verdauung produziert wurden.

Der Mensch nimmt täglich hunderttausende verschiedene Substanzen tierischer, pflanzlicher und synthetischer Herkunft auf und ist vielen Umweltbelastungen ausgesetzt. Der Magen-Darm-Trakt stellt eine lebende Barriere zwischen „Außenwelt“ und „Innenwelt“ dar. Wie oben erwähnt, ist die etwa 130 m² große Oberfläche des Dünndarmes die wichtigste Resorptionsfläche an der „entschieden“ werden muss, was aufgenommen werden darf (soll) und was nicht. Sie ist also eine wichtige Grenze des Körpers zur „Außenwelt“, die aber gleichzeitig als Abwehr gegen Viren, Bakterien, Pilze und Schadstoffe dient.

Wie an jeder Grenze müssen hier zwei Funktionen erfüllt werden: Aufnahme und Barriere.

3.2. Was geschieht bei Störungen?

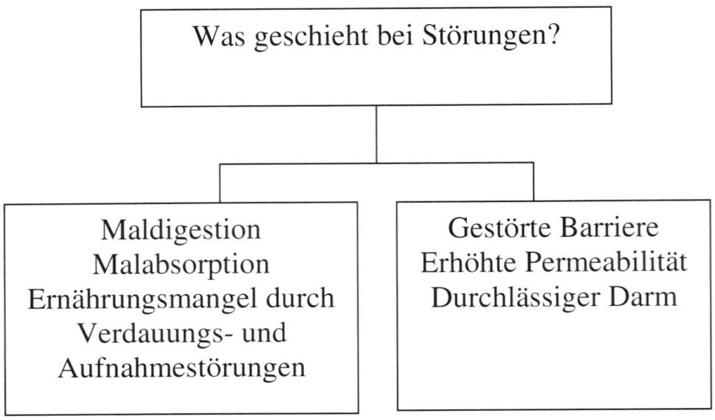

Ernährungsmangel:

Lebenswichtige Substanzen werden nicht genug aufgenommen.

Gestörte Barriere oder erhöhte Permeabilität:

Es können auch nicht- oder nicht vollständig verdaute Nahrungsmittel und/oder Schadstoffe die Grenze passieren. Dies kann man testen, indem man Patienten Laktulose und Mannitol - beide dürfen beim gesunden Menschen nicht aufgenommen werden - zu Trinken gibt und den Urin vorher und 6 Stunden nach dem Trinken untersucht. Falls diese Substanzen im Urin erscheinen, ist dies der Beweis für die Störung der Barrierefunktion. Aus zahlreichen Untersuchungen weis man heute, dass bei Autisten (auch bei Hyperaktivität und vielen Autoimmunerkrankungen) einige Nahrungsmittel nicht- oder nicht vollständig verdaut die Darmbarriere passieren und eine große Herausforderung für das Immunsystem darstellen (leaky-gut-syndrom). Als Ursache, warum ein Darm durchlässig wird, werden einige Möglichkeiten diskutiert, wie bspw.

Pilzbefall, schädliche Bakterien, Nahrungsmittelallergien, IgG-Immunreaktionen auf Nahrungsmittel, Viren auch durch Lebendimpfungen, Schwermetalle und Veränderungen an der Zelloberfläche und dadurch Autoimmunreaktionen. Neben Gluten- und Kaseinunverträglichkeiten (bei über 70% von Autisten nachweisbar) kommen viele andere Unverträglichkeiten vor, die mittels Laboruntersuchungen nachgewiesen werden können.

Störungen der Barrierefunktion

Erhöhte Permeabilität:

- Aufnahme der nicht oder nicht vollständig verdauten Nahrung (z. B. Gluten, Kasein oder Mannitol- oder Laktulose im Testverfahren).
- Schadstoffe wie Schwermetalle.
- Eindringen von Keimen durch gestörte lokale Immunreaktion.

Nahrungsmittel-Unverträglichkeiten:

- Typ I oder IgE-vermittelte Sofortreaktion (Allergien).
  Typ II oder IgG-vermittelte Reaktion mit Immunkomplexbildung ohne typische allergische Reaktionen.
- Typ IV oder T-Zell-vermittelte Spätreaktion.
- Histaminintoleranz: Mangel an Enzym Diaminooxidase.

Energielieferanten des Körpers: Kohlenhydrate, Eiweiße und Fette.

Kohlenhydrate: werden in Monosaccharide, Disaccharide, Oligosaccharide und Polysaccharide eingeteilt.

- Monosaccharide sind die kleinsten Einheiten der Kohlenhydrate, sie sind durch Hydrolyse nicht mehr spaltbar (Glukose, Fruktose).
- Disaccharide bestehen aus zwei Monosacchariden und
- Oligosaccharide aus 3 – 10 Monosacchariden.
- Polysaccharide sind eine Verknüpfung von mehr als 10 Monosacchariden.

Abbau der Kohlenhydrate: Durch Enzyme der Speicheldrüse und des Pankreas werden Polysaccharide in Polysaccharidbruchstücken, Oligosacchariden und Disacchariden abgebaut. Die Spaltung der Disaccharide und deren Aufnahme

erfolgt in der Schleimhaut des Dünndarmes. Bei einer lokalen Entzündung (Morbus Crohn, Zöliakie, Pilzinfektion....) können großmolekulare Kohlenhydrate ins Blut transportiert werden, ein Phänomen, das bei einer großen Mehrheit von Autisten nachweisbar ist.
Eiweiße: Der Organismus bildet aus den mit der Nahrung aufgenommenen Stoffen körpereigene Strukturen. Die Proteine werden durch das Zusammenwirken verschiedener Enzyme des Magens, Pankreas und Dünndarms bis zu den Aminosäuren aufgespalten und im Dünndarm (vorwiegend im Jejunum) aufgenommen.

3.3. Darmschäden durch Viren:

Dr. Andrew Wakefield hat auch in gemeinsamen Publikationen mit Dr. Jeff Bradstreet und Dr. Rimland beschrieben, dass der Impfstoff MMR (gegen Masern, Mumps und Röteln) eine Darmschleimhautirritation verursachen kann, die er als eine Ursache für die Erkrankung an Autismus sieht. Dr. Wakefield (London, 1998) hat in der Schleimhaut des Dünndarms einiger Kinder im Rahmen einer Studie, eine für die MMR-Impfung typische Sorte von Masernviren nachgewiesen, die als Ursache der chronischen Schleimhautentzündung und erhöhten Darmdurchlässigkeit unter dem Begriff „Autistische Enterocolitis" und „Ileocolic lymphoid nodular hyperplasia" erklärt werden.
Diese Aussage hat Dr. Wakefield, seine berufliche Karriere in England gekostet, angeblich weil deren Konsequenzen die Interessen der Pharmaindustrie in Frage stellen und die Annerkennung der Folgen als Impfschaden finanziell für Versicherungen und andere Kostenträger nicht verkraftbar schienen.
Jede Wahrheit braucht einen Mutigen, der sie ausspricht. Das hat aber manchen den Kopf gekostet.
Ich gehe davon aus, dass Autismus eine multifaktorielle Erkrankung ist und sehe Impfkomplikationen neben einer Reihe von anderen Möglichkeiten als eine

mögliche Mitursache. Ich kenne persönlich einige Eltern, die einen zeitlichen Zusammenhang zwischen der MMR-Impfung und der autistischen Entwicklungsstörung ihrer Kinder angeben und einen Fall, bei dem in Deutschland vor Gericht ein Zusammenhang bewiesen wurde.

3.4. Gastrointestinale Abnormalitäten bei Autismus:

Die meisten Autisten haben intestinale Probleme, wie Hyperpermeabilität (erhöhte Durchlässigkeit) des Darmes, Malabsoption (Aufnahmestörung) und sehr häufig Darmschleimhautentzündungen.

In einer Studie an 36 Autisten wurde bei 25 eine Refluxoesophagitis (Entzündung der Speiseröhre durch Reflux), bei 15 eine Magenschleimhautentzündung und bei 21 Teilnehmern eine Entzündung der Dünndarmschleimhaut diagnostiziert. (Dr. Karoly Horwath, Universität Maryland, 1999).

Zum besseren Verständnis werden folgend einige Grundlagen und notwendiges Basiswissen zu vermitteln oder aufzufrischen versucht. Gleichzeitig werden unsere Vorgehensweisen bei der Dokumentation und der Darstellung der Abnormalitäten beim Autismus erläutert, sowie eigene Praxiserfahrungen und Auswertungen mit eingebracht.

Die Laborwerte der ersten 120 Patienten aus der alphabetischen Kartei meiner Praxis wurden tabellarisch erfasst. Hier und in den folgenden Kapiteln werden einige Parameter als Beispiele der Laborauffälligkeiten bei Patienten mit „Autismus“ graphisch dargestellt.

Der Anzahl der Patienten aus der o.g. Gruppe n=120, bei denen die eine oder andere Untersuchung durchgeführt wurde, ist unterschiedlich und wird auf jeder Graphik angegeben.

Die jeweiligen Laborwerte werden in Bezug auf Normalwerte dargestellt und diskutiert. Der direkte Vergleich zu einer Kontrollgruppe war nicht möglich und meines Erachtens auch nicht erforderlich, weil die Abweichungen sehr deutlich sind.

Die Laboruntersuchungen sind nicht zum Zwecke der Studie veranlasst worden, sondern im Rahmen der Patientenuntersuchungen im Praxisalltag dokumentiert und im Nachhinein tabellarisch erfasst und graphisch dargestellt worden.

Intestinale Abnormalitäten bei Autismus

- Erhöhte Durchlässigkeit
- Schleimhautentzündungen
- Dysbiose: gestörte Darmflora
- Fehlbesiedelung mit Bakterien, Viren und Pilzen
- Glutenunverträglichkeiten: Nachweis von Anti-Gliadin-Antikörpern, Transglutaminase-Antikörpern, Nachweis von Gliadorphinen im Urin
- Kaseinunverträglichkeit
- Schleimhautimmunität: sekretorisches IgA im Stuhl; beta-Defensin 2 im Stuhl
- Verdauungsrückstände: Fett, Eiweiß, Stärke
- Hypertrophie (Vergrößerung) der Lymphdrüsen

3.4.1. Erhöhte Durchlässigkeit (leaky-gut-syndrom):

Dr. D'Eufemia und seine Kollegen an der Universität Rom in Italien haben nach einer Untersuchung im Jahre 1996 über Hyperpermeabilität bei über 43% der untersuchten Kinder mit Autismus berichtet.

Alpha-1-Antitrypsin ist ein aus 394 Aminosäuren und 3 Kohlenhydratketten bestehendes Glykoprotein und wird in der Leber und in geringem Umfang in der Darmschleimhaut gebildet. Wie in Abb. 1 dargestellt, erbrachten 50 von 115 der untersuchten Proben im pathologischen Bereich liegende Ergebnisse. Dies entspricht 43%. Erhöhte Werte im Stuhl sprechen für das Vorliegen von Schleimhautentzündungen und finden sich im Rahmen eines enteralen Eiweißverlustes sowie Entzündungen und sind ein Zeichen für eine erhöhte Durchlässigkeit der Darmschleimhaut.

Ein anderer Nachweis für eine erhöhte Durchlässigkeit ist der Mannitol- und Laktulosetest (wie zuvor schon beschrieben).
Außerdem ist eine verstärkte Reaktion mit IgG4-Bildung gegen Nahrungsmittel als Zeichen einer erhöhten Permeabilität anzusehen.
Anderseits wurde bei Autisten ein Mangel an Alpha-1-Antitrypsin im Serum nachgewiesen (Walker-Smith 1972).

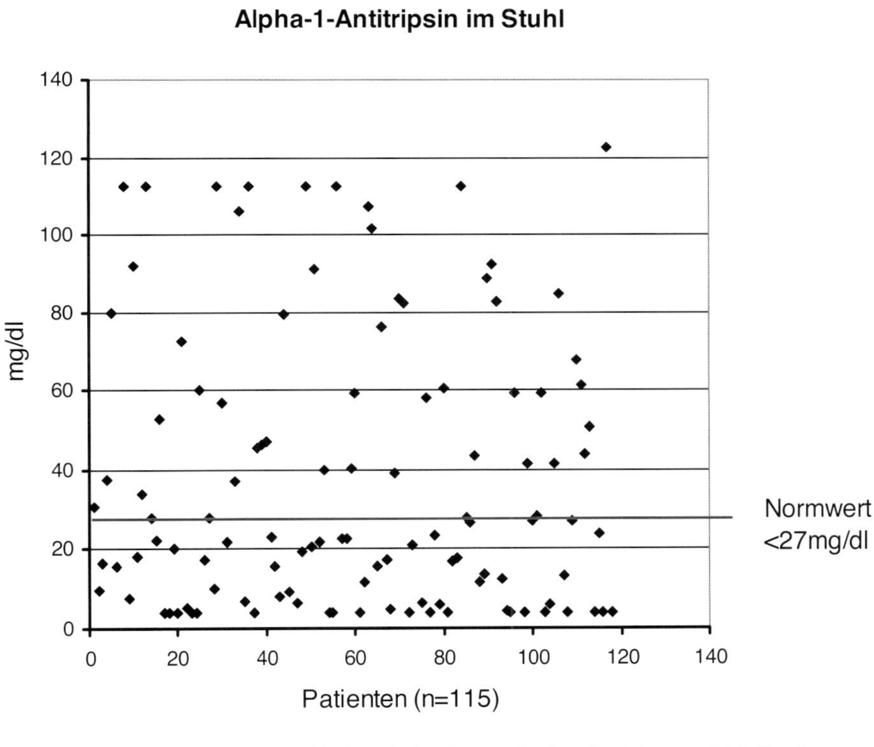

Abb. 1: *Konzentration von Alpha-1-Antitrypsin im Stuhl von 115 Patienten mit Autismus.*

Bei der Unterteilung dieser Patientengruppe nach Alter von 2 bis 10, von 11 bis 18 und ab 18 Jahren fiel auf, dass die Werte für Alpha-1-Antitrypsin im Stuhl mit zunehmendem Alter kontinuierlich abnahmen. Auf eine gesonderte Darstellung wurde hier verzichtet, da die Abweichung von der Norm hier deutlich genug erkennbar ist.

3.4.2. Schleimhautentzündungen: ***ß-Defensin*** *2* ist für die Barrierefunktion der Darmschleimhaut durch seine antibakterielle Wirkung wichtig. Durch Mikroorganismen wie Pilze, Viren oder Bakterien wird eine verstärkte Bildung von ß-Defensin 2 als ein Zeichen für eine entzündliche Darmerkrankung ausgelöst. **Calprotectin** im Stuhl kann als ein Entzündungsparameter zur Diagnostik und Verlaufskontrolle herangezogen werden. Es ist ein Protein, das bei entzündlichen Darmerkrankungen von neutrophilen Granulozyten ausgeschieden und bei chron.- entzündlichen Darmerkrankungen, wie bei vielen Autisten bekannt, vermehrt im Stuhl ausgeschieden wird.

Sekretorisches Immunglobulin A schützt die Darmschleimhaut vor dem Eindringen von pathogenen Bakterien, Pilzen oder Viren. Die herabgesetzte Konzentration von sIgA kann mit einer reduzierten Immunaktivität der Darmschleimhaut einhergehen und mit einer Infektanfälligkeit verbunden sein.

Die pathologischen Werte von Sekret IgA im Stuhl unterteilen sich in zwei Gruppen: Eine große Gruppe stammt von Patienten mit abgeschwächter Abwehrlage an der Darmschleimhaut. Hier befinden sich die meisten Werte unterhalb der im Labor messbaren Grenze bei 277 µg/mg. Diese Ergebnisse sind bei mangelnder bis fehlender Immunreaktion zur Untersuchung von Schleimhautentzündungen oder einer Verlaufskontrolle nicht geeignet und werden als Zeichen für eine schwache Abwehrlage, die mit gravierenden Folgen verbunden ist, erfasst.

Die zweite Gruppe reagiert mit erhöhter IgA-Sekretion auf eine Schleimhautentzündung. Bei den Verlaufskontrollen im Laufe der Therapie der Entzündungsursachen, kann eine Normalisierung der Werte für IgA beobachtet werden. Es muss an dieser Stelle noch erwähnt werden, dass einige Werte erst nach der Einleitung und während der Behandlung erfasst wurden und dadurch das Ausmaß der Abnormalität z.T. verschleiert wurde.

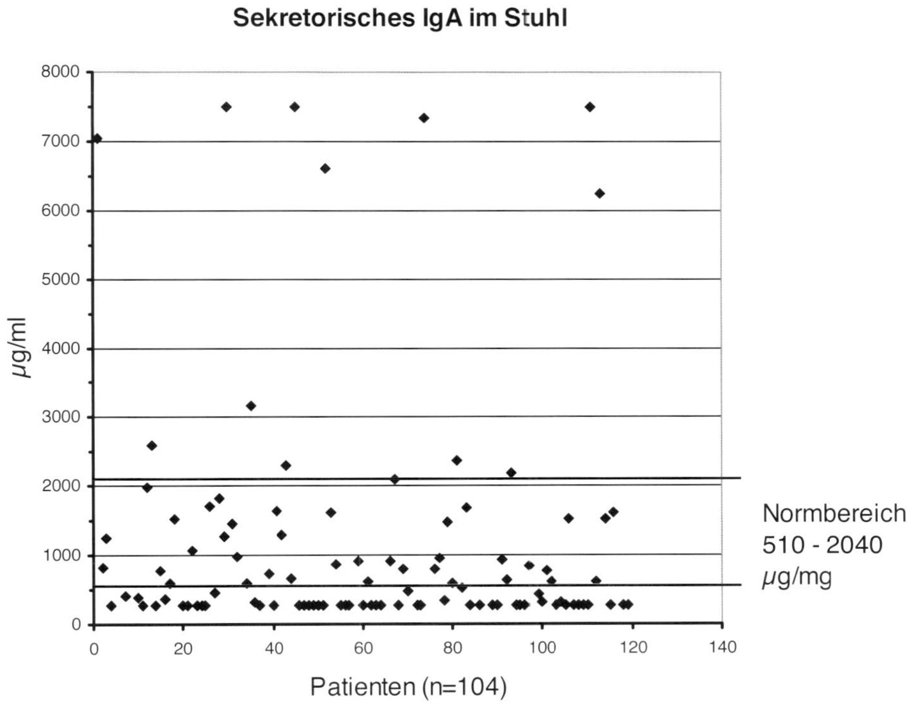

Abb.2: *Darstellung der Konzentration von sekretorischem Immunglobulin A im Stuhl von 104 Autisten.*

Viele Werte der Abb. 2 sind genau auf 277 aufgereiht. Dies kommt deshalb zustande, dass im Labor, Werte kleiner als 277 µg/mg nicht messbar waren und diese mit kleiner als messbar angegeben wurden. Die erhöhten und teilweise die Werte im Normbereich, sind von Patienten mit bekannten Schleimhautentzündungen.

3.4.3. Darmflora

Die Zahl der Mikroorganismen im Darm übertrifft die Zahl der Körperzellen um das Zehnfache. Magen und Zwölffingerdarm sind relativ keimarm. Entlang des Dünndarms nimmt die Zahl der Keime kontinuierlich zu. Störungen der Darmschleimhaut können die physiologischen Vorgänge im Körper beeinflussen. Eine der häufigsten Ursachen für erhöhte Durchlässigkeit des Darms sind die Pilzinfektionen, sehr häufig die Candidainfektion.

Der menschliche Darm ist mit über 500 verschiedenen Keimen besiedelt. Die Zusammensetzung ist sehr individuell und von vielen Faktoren abhängig, wie Alter, Geschlecht, Essgewohnheiten, Umfeld, Stress, Medikamenten.....

Nachdem Mikroorganismen als Ursache vieler Infektionskrankheiten entdeckt und identifiziert wurden und diese Erkrankungen mit Antibiotika zum Teil erfolgreich therapierbar wurden, haben sich die Begriffe Bakterien, Krankheiten und Antibiotika, bei vielen meiner Kollegen aus der Ärzteschaft untrennbar miteinander assoziiert.

Dank der mühevollen Arbeit vieler Wissenschaftler wurde die gegenseitige Einflussnahme zwischen den Mikro- und Makroorganismen zum Teil geklärt und entdeckt, dass unsere Darmflora, die uns im Laufe unserer Evolution bis heute begleitet und sich mit uns entwickelt, einen Teil des gesamten Organismus darstellt.

Die Rolle der Darmflora für unsere Gesundheit, auch wenn die Details bis heute noch nicht vollends bekannt sind, wird nun weitgehend anerkannt. Schon im Jahre 1908 wurde der Wissenschaftler Dr. Metchnikoff für seine Forschungsarbeiten in diesem Bereich mit dem Nobelpreis ausgezeichnet. In den 50er Jahren des vergangenen Jahrhunderts schrieb Hans Peter Rusch:

„ Es kann kein Zweifel mehr sein, dass es eine Bakteriensymbiose bei allen höheren und niederen Lebewesen gibt, also eine Symbiose zwischen ein –und mehrzelligen Lebewesen, deren Verlust Gesundheitsgefährdung in irgendeiner Form bedeutet...“. (Zitat)

Die Definition „Probiotika“ wurde vom „Bundesinstitut für gesundheitlichen Verbraucherschutz“ wie folgt formuliert: „Lebende Organismen, die in ausreichender Menge in aktiver Form in den Darm gelangen und hierbei positive gesundheitliche Wirkung erzielen.“ (Zitat)
Den Begriff „Probiotika“ verwendete sehr wahrscheinlich zum ersten Mal Werner Kollath (1953). Dieser Begriff wurde vom Arbeitskreis Mikrobiologische Therapie (Hans Peter Rusch, Arthur Becker, Hans Kolb und Mitarbeitern) übernommen und hat sich etabliert.
Diese Altvorderen haben damals schon gewusst, dass die mikrobiologische Therapie viel mehr ist, als schlechte Bakterien durch gute Bakterien zu bekämpfen, sondern auch die Regulation des Immunsystems und die Stoffwechselvorgänge im Körper eine entscheidende Rolle spielen. Der Darm ist die Wiege des Immunsystems und die Leukozyten und Lymphozyten gehen „im Darm in die Schule“. Durch eine gezielte mikrobiologische Therapie soll der Darm mit symbiotischen Bakterien besiedelt werden um folgende Ziele zu erreichen:

1. Wiederherstellung des natürlichen Gleichgewichts
2. Immunregulation
3. Regulation der Stoffwechselleistungen
4. Milieustabilisierung, Regulierung des pH-Wertes, damit Enzyme sich entfalten können
5. Vitaminproduktion
6. Errichtung einer mikrobiellen Barriere gegen path. Keime
7. Versorgung der Darmzellen mit Nährstoffe und Fettsäuren
8. Anregung der Peristaltik und der Darmpassage

Die Wiederherstellung der natürlichen Darmflora bei gestörtem Gleichgewicht der Darmbakterien, der so genannten Dysbiose, kann äußerst schwierig sein. Vor allem, wenn die Störung schon in frühester Lebensphase, im Säuglingsalter, aufgetreten ist, bevor sich eine ausgeglichene Flora bilden konnte oder wenn die Dysbiose längere Zeit besteht. Da die Zellen der lymphatischen Organe im Darm zu differenzierten funktionsfähigen Zellen ausgebildet werden („in die Schule gehen"), die zwischen „Freund" und „Feind" unterscheiden und handeln können, fehlt Ihnen dann so zu sagen die „Grundausbildung". Anton Heinrich de Bary hat den Begriff Symbiose (Zusammenleben) folgend definiert: „Die Symbiose ist das fortwährende und innige Zusammenleben ungleichnamiger Organismen..." (Zitat)

Die Symbiose kann verschiedene Formen annehmen, abhängig davon ob und wie die Partner von dem Zusammenleben profitieren. Für die Lebensgemeinschaft Mensch und einige Darmbakterien wie Lactobazillen und Bifidobakterien finde ich den Begriff „Mutualismus" (Zusammenleben zum gegenseitigen Nutzen) sehr passend. Während mutualistische Partner vorwiegend unspezifische Aktivitäten des Immunsystems anregen, führen Parasiten, pathogene und opportunistische Keime zu spezifischen Abwehrreaktionen. Es gibt einige Mikroorganismen wie Lactobazillen, die für Menschen als mutualistische Partner unentbehrlich sind und von denen unsere Gesundheit abhängt. Sie sind für uns so wichtig, wie eigenes gesundes Gewebe und vom menschlichen Organismus eigentlich, zumindest funktionell, nicht trennbar. Sie sind Freunde. Es gibt auch einige pathogene Keime, die den menschlichen Organismus in seiner Funktion stören und ihn krank machen. Die große Mehrzahl der Mikroorganismen haben aber, abhängig von der Gesamtsituation, der Verfassung der Makroorganismus, der Zusammensetzung von Gesamtkeimpopulation usw., teils negative und teils positive Auswirkungen. Bei einer Fehlbesiedelung des Darms (Dysbiose) wird versucht, den Darm mit natürlichen Bakterien zu besiedeln. Der Begriff „Darmsanierung" wird in diesem Zusammenhang leider sehr oft wörtlich verstanden. Es wird versucht den Darm sauber und frei von Bakterien zu bekommen und anschließend mit guten Leitbakterien zu besiedeln. Ich finde diese Methode zu invasiv und unphysiologisch. Wir wissen, dass im Darm über 500 verschiedene Arten von Mikroorganismen existieren. Ein kompletter Wiederaufbau mit dieser Anzahl an Bakterien nach einer Darmsanierung scheint mir unwahrscheinlich. Hier ist das Beispiel einer Brandrodung im Urwald, der durch Umweltfaktoren einige abgeschwächte und kranke Stämme enthält und der anschließende Anbau von Monokulturen, ein passender Vergleich.

Die wichtigsten, so genannten Leitkeime der Darmflora werden folgend kurz vorgestellt.

Laktobazillen stellen die wichtigsten Bestandteile der physiologischen Dünndarmflora dar und sind die Hauptbewohner des Dünndarms. Sie bedecken die Schleimhaut des Dünndarms wie ein Schutzfilm und sind für unsere Gesundheit unentbehrlich. Sie verwerten Kohlenhydratverbindungen und produzieren Milchsäure, daher der Name „Lacto" -bacillen. Der Name „Lacto" sorgt hin und wieder im Zusammenhang mit einer milchfreien Diät für Irritationen. Die Besiedelung des Dünndarms mit Säuerungsflora u.a. Lactobacillen gestaltet sich, meines Erachtens auch aus zwei entscheidenden Gründen oft als sehr schwierig: Zum einen ist es ein immunologisches Problem, so dass diese Keime nicht angenommen werden. Zum anderen eine Milieustörung aufgrund von Verdauungsdefiziten. Durch Milchsäure wird das Milieu angesäuert und das Wachstum von Fäulnisbakterien und manchen Fremdkeimen gehemmt.

Stark auffällig ist die niedrige Anzahl von Keimen der Säuerungsflora, Lactobacillen, Bifidobakterien, Bacteriodes und Enterokokken. Letzteres wurde hier grafisch nicht mehr dargestellt.

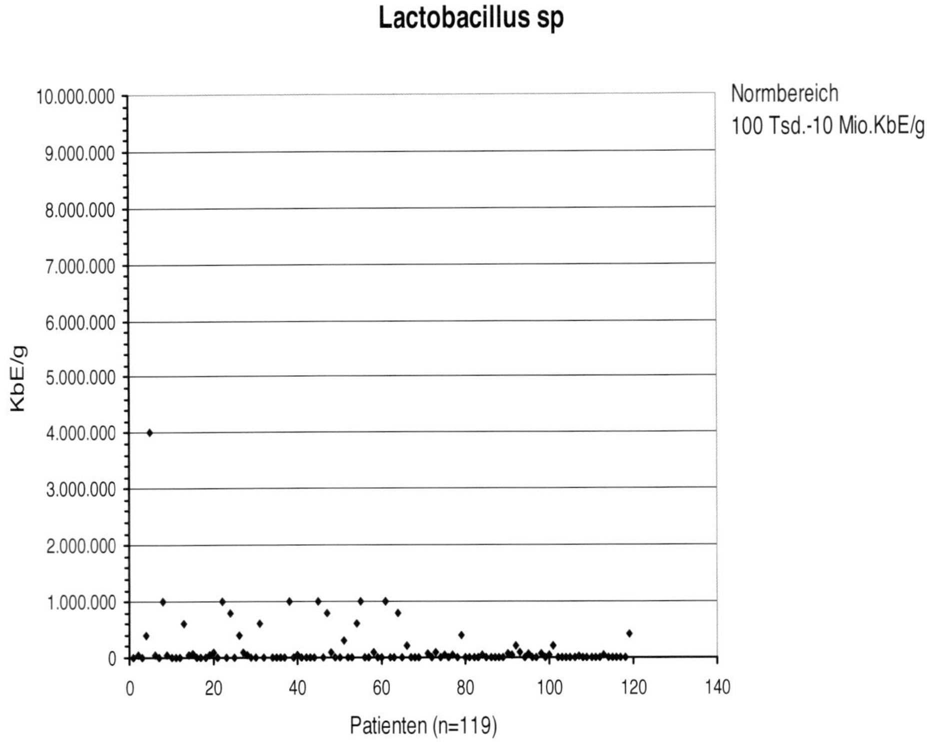

Abb. 3: *Lactobazillen in Stuhlproben von 119 Patienten mit Autismus.*
(KbE: Kolonie-bildende Einheiten)

Die Bakterien der Säuerungsflora, Lactobazillen, Bifidobakterien und Bacteoides sind bei fast allen untersuchten Patienten zu niedrig. Um Transport- oder Laborfehler auszuschließen, wurden einige Proben parallel zum Normalversand mit Expresspost ins Labor geschickt und einige Proben zeitgleich in ein anderes Labor. Wir haben hierbei festgestellt, dass eine Transportdauer von 8 Stunden, verglichen mit 26 Stunden, keinen Einfluss auf die Ergebnisse hat. Auch die Befunde der zwei voneinander unabhängigen Laboreinrichtungen waren fast identisch bis gleich.

Bifidobakterien bilden einen wichtigen Anteil der Dickdarmflora. Sie gehören zur anaeroben Säuerungsflora und verwerten ausschließlich Kohlenhydrate.

Dadurch entstehen kurzkettige Fettsäuren, die das Milieu ansäuern, den Fäulniskeimen entgegen wirken und Zellen der Dickdarmschleimhaut mit Nährstoffen versorgen.

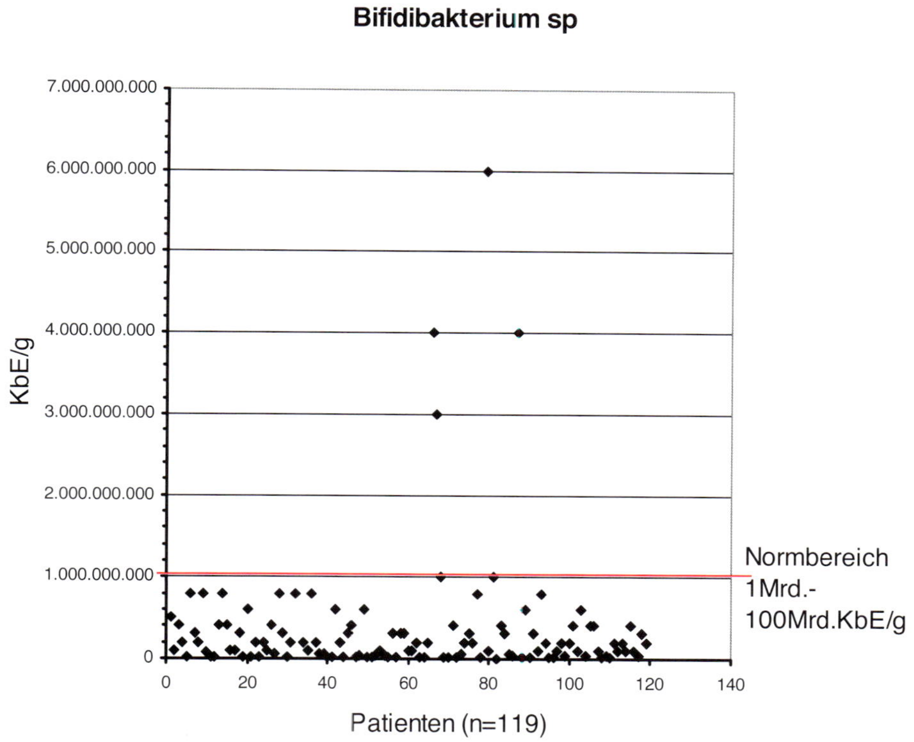

Abb.4: *Bifidobakterien in Stuhlproben von 119 Patienten mit Autismus.*
(KbE: Kolonie-bildende Einheit)

Enterokokken gehören zur Säuerungsflora des Dickdarms aber auch zu der des Dünndarms. Sie sind wandständige Keime und wirken immunregulierend.

Bakteroides gehören zur Dickdarmflora und verwerten vorwiegend Eiweiße. Sie versorgen die Darmzellen mit kurzkettigen Fettsäuren und schützen sie vor pathologischen Keimen.

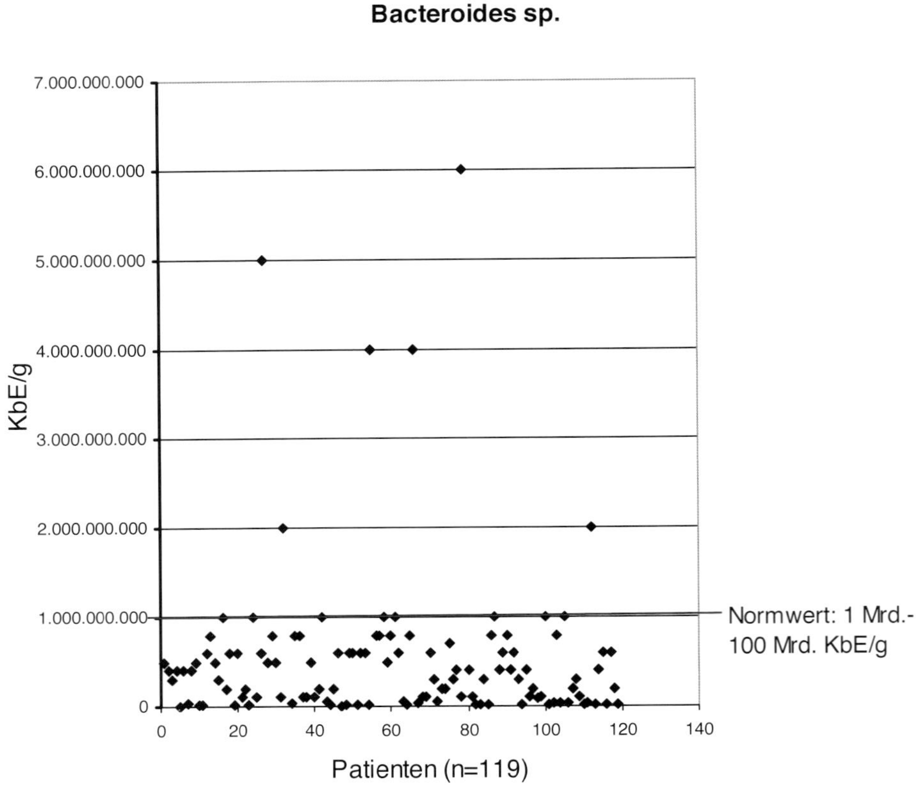

Abb. 5: *Bakteroiden in Stuhlproben von 119 Patienten mit Autismus.*
(KbE: Kolonie bildende Einheiten)

Zu den Leitkeimen der **Fäulnisflora** gehören: E. Coli, Clostridium, Pseudomonas, Proteus, Citrobacter, Enterobacter und Klebsiela. Während E. Coli-Bakterien positiv wirkend das Immunsystem regulieren und das Milieu bei einem höherem Angebot an Kohlenhydraten ansäuern und es dadurch für die anaeroben Säuerungsbakterien vorbreiten bzw. es bei einem höherem Angebot an Eiweiß alkalisieren, wirken andere Keime der Fäulnisflora wie Clostridium, Klebsiella, Pseudomonas und Citrobakter überwiegend alkalisierend auf das Milieu und produzieren toxische Substanzen, die für Darmschleimhaut und Leber schädlich sind.

3.4.4. Pilzbefall, Candida: Hefen vor allem der Gattung Candida gehören zu den opportunistischen Keimen, die bedingt pathologisch sein, und die Haut aber auch die Schleimhaut des Menschen befallen können. Bei abgeschwächter Abwehrlage kann dies zu einer systemischen Infektion führen. Während die Symptome einer Candidose auf Haut, Mundschleimhaut und Nägeln für diese Infektion spezifisch und charakteristisch erscheinen, sind Symptome der Darmcandidose sehr unspezifisch. Dr. William Crook (The Yeast Connection) und Dr. Orian Truss (The Missing Diagnosis) haben in den genannten und in anderen Büchern, die Symptome, Diagnostik und Therapie einer Darmmykose ausführlich dargestellt. Dr. Shaw berichtet in seinem Buch „Biologische Behandlungen bei Autismus" (2002) gut differenziert über den Zusammenhang zwischen Candidose und Autismus, bezüglich Mechanismus, Intensität und Entstehung. Die Auswirkung einer antimykotischen Therapie auf autistische Merkmale, wurde so von ihm und seinem Team anhand von Beobachtungen bei hunderten von Patienten eindrucksvoll dokumentiert. Die von Shaw empfohlene Antipilztherapie ist viel mehr eine lokale Behandlung im Darmlumen mit Nystatin. Diese Behandlung hat den Vorteil, dass man in der Regel keine systemischen Nebenwirkungen befürchten braucht. Da Nystatin nicht vom Körper aufgenommen wird, kann es im Gegenteil zu vielen anderen Antipilzmitteln keine ernsthaften Nebenwirkungen haben. Den Nachteil sehe ich aber darin, dass es nach dem Absetzen von Nystatin in vielen Fällen erneut zu einer Candida-Infektion kommt. Außerdem werden die extraluminal gelegenen oder in der Darmwand lokalisierten Herde hierdurch nicht erfasst.

Therapien bei Darmpilzen

- Antimykotische Therapie: wird unterteilt in die chemisch definierte und die pflanzliche Therapie.

1. Chemisch definierte Mittel:

a) mit lokaler Wirkung, wie Nystatin;

b) mit systemischer Wirkung, wie Griseofulvin, Fluconazol, Itraconazol, Miconazol usw. haben den Nachteil, systemische Nebenwirkungen vor allem Leberschädigungen verursachen zu können.

2. Pflanzliche Präparate mit antimykotischer Wirkung sind z. B. Bärlauch-Präparate, Teebaumöl, Kapuzinerkresse, Pfefferminzöl, Oregano Öl, Olivenblattextrakt, Knoblauch oder Myrrhinil-Intest (Handelsname).

   Caprylsäure gehört zu den gesättigten Fettsäuren und soll bei der Behandlung der Darmmykose Pilze an sich binden und damit aus dem Darm entfernen. Während die antimykotische Therapie mit Caprylsäure in den USA sehr verbreitet ist, greift man in Deutschland bei Behandlung der lokalen Mykose auf Nystatin zurück.

- Probiotische Therapie: durch Einsatz von Probiotika wird versucht, das Milieu stabilisierend zu beeinflussen und dadurch Candida zu „verdrängen“.
- Diät: Es gibt viele aber keine richtig überzeugenden Diäten gegen Darmmykose. Manche Eltern versuchen, ihre Kinder kohlenhydratarm bis kohlenhydratfrei zu ernähren. Ich finde diese Diät unphysiologisch und falsch. Physiologischerweise sollte unser Kalorienbedarf zu etwa 70% durch Kohlenhydrate und jeweils 15% Fett und Eiweiß abgedeckt sein. Bei einer kohlenhydratarmen Diät werden zwangsweise anteilsmäßig mehr Eiweiß und Fett verzehrt. Die Befürworter dieser Diät möchten hierdurch die Pilze „verhungern lassen“, vergessen aber, dass Pilze ihren Stoffwechsel leicht auf Eiweiß und/oder Fett umstellen können. Anderseits sind die Keime der Säuerungsflora, Lactobazillen und Bifidobakterien sowie der Mensch an sich, auf die Zufuhr von Kohlenhydraten angewiesen. Ich rate von solchen Experimenten an ohnehin mit Problemen behafteten Kindern ab. Im Rahmen einer antimykotischen Therapie kann man mit viel Ballaststoffen, Gemüse und Salat, die Darmpassage anregen und die Säuerungsflora unterstützen. Außerdem sollte raffinierter Zucker weitgehend vermieden werden. Bei

mitochondrialen Erkrankungen findet die kohlehydratarme und eiweißreiche Diät eine medizinisch begründete Indikation.

Bei wiederholten Pilzinfektionen bei sonst intaktem Immunsystem ist an eine fehlende spezifische Abwehreaktion zu denken. Dies lässt sich durch einen Candida-Killing-Test aus dem Blut und die Bestimmung von phagozytoseaktiven Monozyten und Granulozyten feststellen. Es gibt mehrere Hypothesen über eine erworbene Toleranz gegen Pilze, die anamneseabhängig in Erwägung gezogen werden müssen.

a) Kontakt mit Keimen bevor das Immunsystem reif wurde und zwischen Eigen und Fremd unterscheiden konnte.
b) Dysregulation zwischen den Zytotoxischen T-Zellen, T-Helferzellen und T-Suppressorzellen.
c) Irritation des Immunsystems durch Xenobiotika vor allem Schwermetalle.

- Autovaccine: Autovaccine sind individuell aus einer Patientenprobe hergestellte Impfstoffe. Die Krankheitserreger, gegen die man den Patienten impfen möchte, werden isoliert, gezüchtet und vermehrt. Dann werden sie schonend abgetötet, so dass die Antigenstruktur noch weitgehend erhalten bleibt und dem Patienten verabreicht. Das Immunsystem des Patienten soll spezifische Antikörper und weitere Abwehrkräfte gegen diese bestimmten Stämme bilden und hierdurch erneute Infektionen bekämpfen und vermeiden. Die Herstellung würde vom Zeitpunkt der Probeentnahme bis zu Lieferung des Fertigpräparats etwa 2 Wochen dauern und z. Zt. etwa € 60,- kosten. Die autogene Impfung kann per Injektion s.c. (unter die Haut), oral oder transdermal (auf der Haut massiert) verabreicht werden.

4.1. Nahrungsmittel-Unverträglichkeiten

Eine **Nahrungsmittel-Unverträglichkeit** und eine **Nahrungsmittelallergie** dürfen nicht verwechselt werden.

Um Missverständnisse zu vermeiden, sollte der Begriff „Nahrungsmittelallergie“ nur für Fälle angewendet werden, bei denen klinisch allergische Reaktionen feststellbar sind. Somit beschränkt sich dies auf Typ 1 mit IgE-Bildung und Histaminausschüttung. Bei IgG-vermittelten Reaktionen, auch wenn es sich um immunologische Reaktionen mit Antikörperbildung handelt, sollte man den Begriff Nahrungsmittelallergie vermeiden, da diese nicht zu einer allergischen Reaktion und hierfür spezifischen Symptomen führt.

Nahrungsmittel-Unverträglichkeiten werden unterteilt in:

- Typ I oder IgE – vermittelte Sofortreaktion (typische Nahrungsmittelallergien)
- Typ II oder IgG – vermittelte Reaktion mit Immunkomplexbildung
- Typ IV oder T-Zell- vermittelte Spätreaktion
- Mit lokaler Symptomatik (Bauchbeschwerden), wie Laktoseintoleranz oder Fruktoseunverträglichkeit.
- Mit systemischer Symptomatik:
    - Histaminintoleranz, Mangel des Enzyms Diaminoxidase
    - Pseudoallergien ohne die Beteiligung von Immunglobulinen
    - Gluteninduzierte Gastroenteropathie (Zöliakie, Sprue)
    - Opiatpeptide aus Gluten und Kasein
    - Gluten und Kasein können als Gliadomorphine und Kaseomorphine wirken und die Hirnfunktion beeinflussen.
    - Anhand des Antikörpers IgG, IgE und zellvermittelter Reaktion stellt man fest, welche Substanzen die Darmwand noch passieren und das Immunsystem belasten und irritieren.
- Lokale Immundefizite (Ig A- Mangel): Pilze und krankmachende Bakterien an und in der Schleimhaut.

Immunologische Reaktion mit Bildung von Antikörpern der Gruppe IgG und zwar IgG4 auf Nahrungsmittel. Diese Art der Unverträglichkeit wird auch Nahrungsmittelallergien genannt, weil die Reaktion mit einer Antikörperbildung verbunden ist und eine immunologische Reaktion darstellt. Die allergischen Reaktionen bleiben aber in aller Regel aus, weil keine Antikörper der Klasse IgE, sondern Ak der IgG und zwar vorwiegend IgG4 gebildet werden, die sich an Antigene, hier unverdaut aufgenommenen Nahrungsmittel, haften, große Antikörper-Antigen-Komplexe bilden und unspezifische Symptome wie Hyperaktivität, Konzentrationsstörung, Migräne, Unruhe bis hin zu Wesensveränderungen hervorrufen können.

4.2. Kohlenhydratintoleranzen

Fruktose-Unverträglichkeit: Hier muss man zwischen der hereditären Fruktoseintoleranz (HFI) und der intestinalen Fruktosemalabsorption unterscheiden. Während es sich bei HFI um einen autosomal-rezessiv vererbbaren Gendefekt handelt, mit einer Häufigkeit von 1:15000 und schweren lebensbedrohlichen Folgen, ist die intestinale Fruktosemalabsorption eine relativ häufige und keinesfalls lebensgefährliche Erkrankung. Fruktosemalabsoption kommt in Europa mit einer Häufigkeit von 35% vor, davon haben etwa die Hälfte Beschwerden. Bei Fruktosemalabsorption ist die Funktion des Transportproteins GLUT5 in der Dünndarmschleimhaut gestört, sodass nicht genug Fruktose aufgenommen werden kann. Hierbei kommt es durch Komplexbildung zwischen Fruktose und der Aminosäure Tryptophan zur Aufnahmestörung von Tryptophan, weil dieses mit der Fruktose ausgeschieden wird (siehe hierzu und den Zusammenhang mit autistische Symptomen in Kapitel 10.4.).
Fruktosemalabsorption ist sehr häufig vergesellschaftet mit Folsäure- (siehe Kapitel 10.1.) und Zinkmangel (siehe 10.3.).
Eine Fruktoseintoleranz kann auch durch ein Enzymdefizit bedingt sein.
Für eine sekundäre Fruktoseintoleranz können folgende Ursachen verantwortlich sein:

1. Darmschleimhautentzündung
2. eine Fehlbesiedelung des Darmes

3. eine Milieuveränderung bedingt durch Nahrungsmittelunverträglichkeiten wie Glutenenteropathie oder Lactoseintoleranz

Daher ist bei grenzwertigen Fällen oder dem Verdacht auf eine sekundäre Fruktoseintoleranz, erst die eventuelle Ursache zu behandeln, bevor über eine spezielle fruktosearme Diät nachgedacht und die Eltern noch mehr verunsichert werden. In der Praxis erledigen sich viele Fruktoseintoleranzfälle nach einer gezielten mikrobiologischen Therapie und Eliminationsdiät bei anderen Unverträglichkeiten (Gluten, Milch oder mit immunologischen Reaktionen) von selbst.

Laktoseintoleranz: Durch ein in der Dünndarmschleimhaut lokalisiertes Enzym, die Laktase, wird Milchzucker (Laktose) in Glukose und Galaktose gespalten. Bei der sekundären Laktoseintoleranz ist die Aktivität des Enzyms Laktase durch chronische Schleimhautentzündungen wie bei Colitis ulcerosa, Zöliaki, Morbus Crohn, Glutenenteropathie oder anderen Unverträglichkeiten und Mykosen herabgesetzt. Der nicht verdaute Milchzucker wird dann Futter für bestimmte Keime und führt zur Veränderung der Darmflora, was wiederum die Entzündung verstärkt. Eine Kaseinunverträglichkeit, durch Nachweis von Kaseomorphinen im Urin diagnostiziert, sollte von einer Lactoseintoleranz unterschieden werden. Lactosefreie Produkte, soweit sie Milcheiweiß enthalten, sind bei einer Kaseinunverträglichkeit nicht geeignet.

Sobitintoleranz: Sorbit oder Sobitol (E420) kommt wie Xylit (E967) als Zuckeraustauschstoff in Diabetiker-Produkten aber auch in manchen Gemüsen vor. Bei Unverträglichkeiten kann dies zu Veränderungen der Darmflora führen.

4.3. Glutenunverträglichkeit: Nachweis durch:

- Anti-Gliadin Antikörper und / oder Transglutaminase-Antikörper im Stuhl. Bei einem IgA-Mangel können die Werte für Anti-Gliadin und Transglutaminase Antikörper fälschlicher Weise negativ sein. Daher ist bei negativen Werten immer das sekretorische IgA im Stuhl zu kontrollieren.

- Nachweis von Immunglobulinen der Klasse IgG4 gegen Weizen, Roggen oder Dinkel im Serum
- Nachweis von Gliadorphinen im Urin (stärkste Auswirkung)

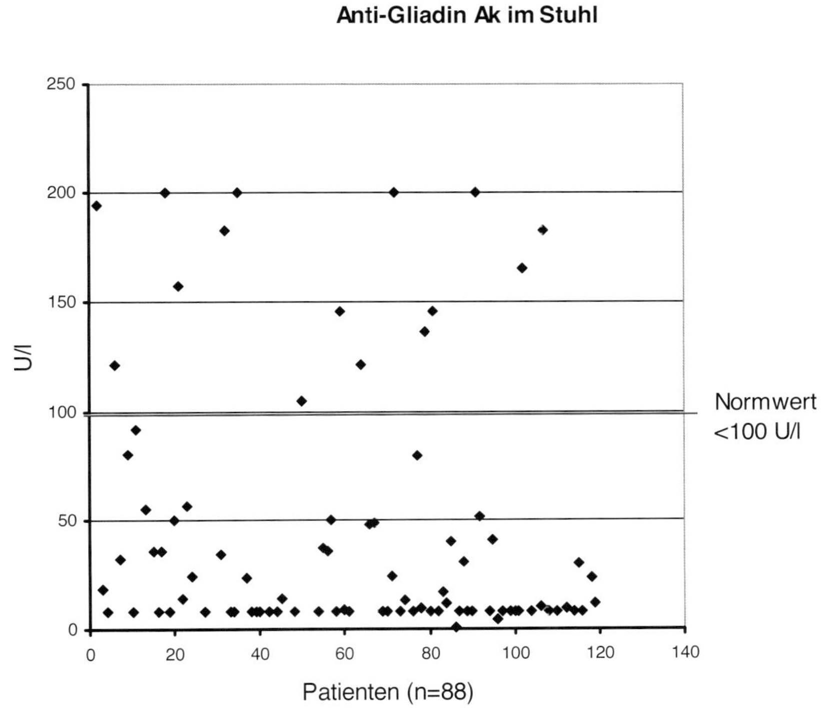

Abb. 6: *Anti-Gliadin-Antikörper in Stuhlproben von 88 Patienten mit Autismus.*

Bei mehr als 17% der untersuchten Patienten wurden im Stuhl, Antikörper gegen Gliadin und damit eine Glutenenteropathie nachgewiesen.

4.4. Kaseinunverträglichkeit:

- Nachweis von Kasoemorphinen im Urin
- Nachweis von Immunglobulinen der Klasse IgG4 gegen Milchprodukte

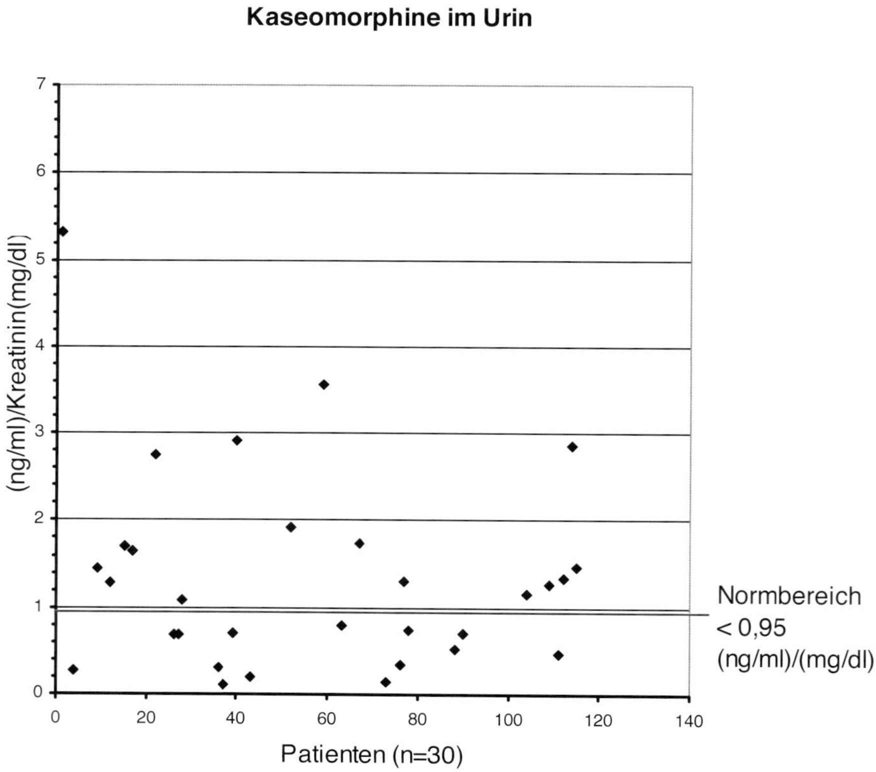

***Abb. 7:** Kaseomorphine in Urinproben von 30 Patienten mit Autismus.*

Bei mehr als 53% der untersuchten Patienten wurden erhöhte Werte für Kaseomorphine in Urinproben festgestellt.

Die Kaseomorphine und Gliadorphine wurden in „The Great Plains Laboratory" in USA untersucht. Die Ergebnisse aus anderen Labors wurden hier wegen fehlender Vergleichbarkeit nicht erfasst oder dargestellt.

Wie in Abbildung 8 dargestellt, wurden bei über 30% der Patienten erhöhte Werte für Gliadorphine im Urin nachgewiesen.

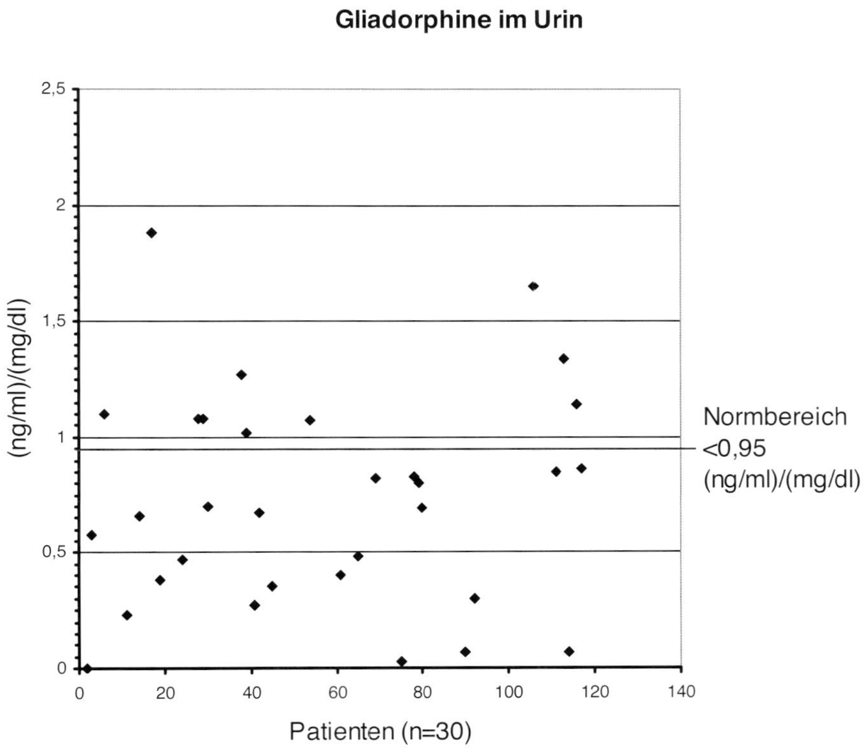

Abb. 8: *Gliadorphine in Urinproben von 30 Patienten mit Autismus.*

4.5. Gluten- und/oder kaseinfreie Diät

Bei der Therapie von Kindern mit Hyperaktivität ist Diät eine allgemein durchaus akzeptierte Methode, die sehr gute Ergebnisse bringt. Viele Eltern von Kindern mit Autismus haben das ausprobiert und sind zufrieden.

Dr. Karl Reichelt (Norwegen), Dr. Paul Shattock (England), Dr. William Shaw (GPL, USA) und andere Forscher haben z. T. unabhängig voneinander, Zusammenhänge zwischen im Darm aufgenommenen nicht verdauten Peptiden und der autistischen Entwicklungsstörung nachgewiesen. Es handelt sich hier um Kasein und Gluten, die bei vielen Patienten aus dem autistischen Spektrum sowie bei Patienten mit AD(H)D opiatähnliche Wirkung haben (Reichelt; 1991) und (Knivsberg; 2002).

„ Pathogene Abbauprodukte von Kasein und Gluten..., die in Urinproben von Autisten...nachgewiesen wurden und vermutlich infolge eines Mangels an eiweißspaltenden Enzymen entstanden sind, lassen annehmen, dass diese Stoffe insbesondere bei erhöhter Permeabilität der Darmwand... als so genannte Opioid-Peptide....zerebrale Störungen auslösen......gluten- und kaseinfreie Ernährung ...zu erstaunlichem Aufholen von Entwicklungsrückständen...autistischer Kinder führen kann.“
(Fr. Dr. Mehl, Deutsches Ärzteblatt / Okt.2000)

Die Opioid-Peptide vermitteln ihre Wirkung über Opiatrezeptoren. Diese kann allerdings durch spezifische Antagonisten (Gegenmittel) nach partieller Verdrängung vom Rezeptor behoben werden. (Scifo und Cioni, 1996). Die Behandlung wird bei Patienten mit Schmerzunempfindlichkeit und Selbstverletzungen durchgeführt.

Nach einer Statistik aus meiner Praxis (2004-2005) haben 67% von 205 Patienten auf eine Gluten -und Kasein freie Diät deutlich positiv reagiert. Es ist demnach absolut ratsam, vor jeder Diät zuerst eine Messung der Kasein- und Glutenpeptide im Urin durchführen zu lassen. Wichtig ist hierbei, dass diese Werte nicht durch Diäten beeinträchtigt werden.

Welche Lebensmittel muss man vermeiden

Gluten: Weizen, Roggen, Dinkel, Hafer, Malz, Grünkorn, Kamut, Einkorn, Emmer

Kasein: Alle Milchprodukte

Auf der Web-Site der Zöliakie-Gesellschaft kann man regelmäßig eine Übersicht über glutenfreie Produkte erhalten.

Bis heute ist es leider eine Tatsache, dass wir für die Urinuntersuchungen auf Gliadorphine und Kasomorphine z. Zt. immer noch auf die wenigen

Möglichkeiten in ausländischen Laboreinrichtungen angewiesen sind. Das bekannteste ist hier „The Great Plains Laboratory“ (GPL) in USA, das sich, durch das ins Deutsche übersetzte Buch von Dr. Shaw und durch seine Seminare, auch hier im Lande einen Namen gemacht hat.

Leider muss auch ich die genannten Untersuchungen im Ausland durchführen lassen, finde diesen Zustand aber nicht optimal, sondern eher unbefriedigend bis mangelhaft.

Folgende Störfaktoren lassen sich zusammenfassen:

- der weite Transportweg, bis zu 12 Tagen (zwischen Probeversand und Befundausstellung) und Temperaturschwankungen erschweren die Untersuchungen der instabilen Peptide.
- die Proben werden nicht stabilisiert (konserviert) und nicht gefroren transportiert. So können sich Keime in der Probe vermehren.
- Sowohl die Kaseomorphine als auch die Gliadorphine, bestehen aus mehreren, in ihrer Wirkung unterschiedlich stark wirkenden Fraktionen. Diese werden im GPL nicht differenziert sondern klar textformuliert in einen Topf geworfen, sollten aber meines Erachtens unterschiedlich gewichtet werden.
- Es existieren, außer den aus Gluten und Kasein stammenden, noch andere Peptide, die im Urin gesunder Probanten nicht in dem Ausmaß zu finden sind, aber außer Acht gelassen werden.
- In meiner Praxis sind einige Patienten mit negativem Urinbefund, bei denen anhand anamnestischer Angaben und Befunde eine Diät trotz negativer Laborbefunde empfohlen wurde und zwar mit gutem Ergebnis. Demnach waren die Laborbefunde also offensichtlich falsch negativ.

Von allen biomedizinischen Behandlungen sind die gluten- und/oder kaseinfreien Diäten am bekanntesten, auch weil sie trotzt fehlender ärztlicher Unterstützung durchgeführt werden können. Es muss aber hier erwähnt werden, dass diese Diäten keinesfalls eine Ursachenbehandlung ersetzen können, sondern nur als symptomorientierte Therapie eine Erleichterung der Symptomatik ermöglichen. Die kausale Therapie wäre eine Behandlung der Ursache, in diesem Fall der erhöhten Darmpermeabilität, sowie der Verdauungsstörungen.

Manche Eltern aber auch viele Fachleute haben Bedenken, ob eine milchfreie Diät zu einem Mangelzustand führen kann. Kalziummangel ist hierfür ein beliebtes Beispiel, ist aber, wie aus folgender Tabelle hervorgeht, durch andere Lebensmittel gut auszugleichen.

Mohn	1460 mg		*Schafmilch*	185 mg
Wacholderbeeren	900 mg		Pistazien	130 mg
Sesam	785 mg		*Ziegenmilch*	125 mg
Mandeln	250 mg		*Kuhmilch*	120 mg
Amaranth	250 mg		Broccoli	110 mg
Sojabohnen	250 mg		Mangold	105 mg
Haselnüsse	225 mg		Sonnenblumenkerne	100 mg
Grünkohl	210 mg		Aprikosen	82 mg
Johannisbeeren	200 mg		Pflaumen	41 mg
Feigen	190 mg		Sojamilch	15 mg

Tabelle 1: Kalziumgehalt pro 100 g Lebensmittel.

Seit Generationen wird das „Wissen“ weitergegeben „Milch ist gesund“ und „mindestens ein Glas Milch am Tag muss sein“. Ich wüsste in der Natur aber kein Säugetier, das nach dem Säuglingsalter noch Milch trinken würde, und dazu noch die von einem anderen Säugetier! Der wissenschaftliche Geist hat viele Elemente der Naivität eines Kindes. Man muss die „Selbstverständlichkeiten“ einfach hinterfragen. Ich möchte mir diese Eigenschaft, lebenslang beibehalten.

4.6. Verdauungsstörungen

Verdauungsrückstände: ein Nachweis von Verdauungsrückständen im Stuhl kann auf einen Enzymmangel oder eine Milieustörung hinweisen, in der die Enzyme nicht wirksam genug werden können. Hierdurch kann man Anhaltspunkte darüber bekommen, wie die Verdauungsenzyme ihre Funktion erfüllen und sich entfalten und wie die aufgenommenen Nahrungsmittel abgespalten und verdaut werden. Bei Auffälligkeiten sollte man die Enzyme der Bauchspeicheldrüse kontrollieren, ggf. eine Substitution zu den Mahlzeiten vornehmen und die erforderlichen Enzyme verabreichen.

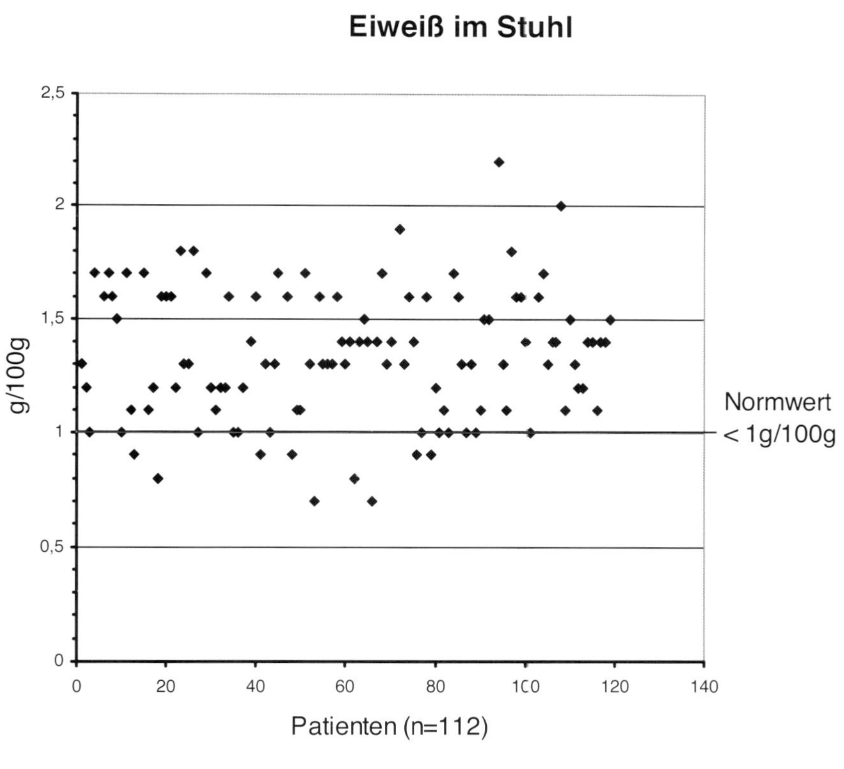

Abb. 9: *Eiweißausscheidung in Stuhlproben von 112 Patienten.*

Die Ergebnisse von 9 Proben aus 112 liegen im Normbereich, weitere 12 sind grenzwertig. 91 Proben, entsprechend 81% der Befunde liegen im sicher pathologischen Bereich.

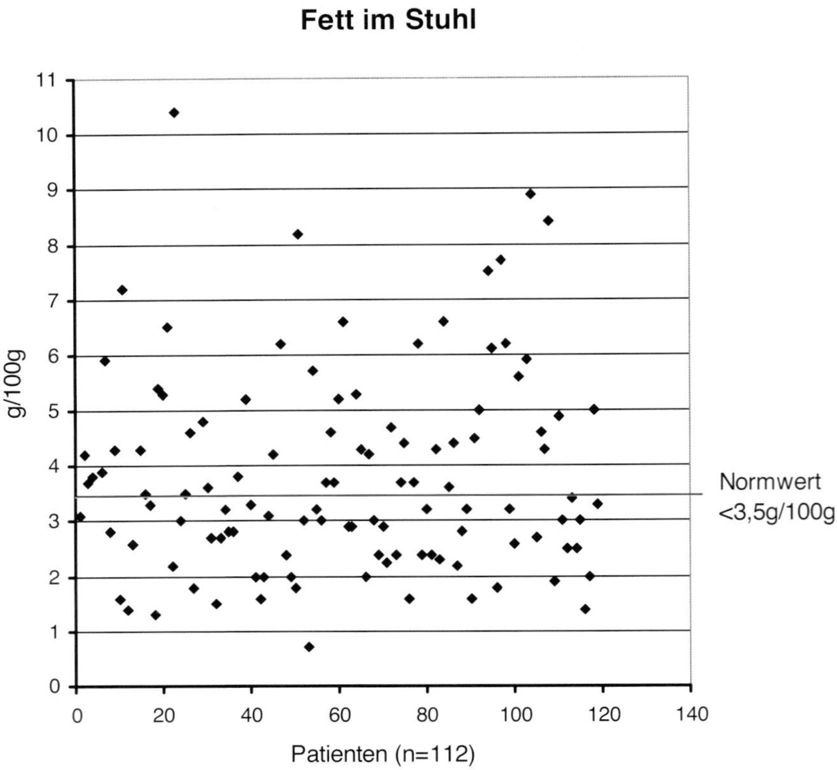

Abb. 10: *Fettausscheidung in Stuhlproben von 112 Patienten.*

Bei erhöhter Ausscheidung von unverdautem Fett kommt es zu einer schwachen Ausbeute und in vielen Fällen zum Mangel an essentiellen Fettsäuren. Andererseits ist das nichtverdaute Fett, Futter für gasbildende Bakterien, die unter Fäulnisverdauung das Milieu weiter verschlechtern. Erhöhte Ausscheidung von Fett ist ein Anlass, die Enzyme der Bauchspeicheldrüse zu überprüfen und diese bei Bedarf, zu den Mahlzeiten und vor allem zu fettreichen Mahlzeiten, zu ersetzen.

Durch die Enzyme im Darm wird Stärke soweit abgebaut, dass ein Rest von 9 bis 13 g pro 100 g Stuhl unverdaut ausgeschieden wird. Der weitere Abbau von Stärke ist bei Werten von unter 9 g/100 g Stuhl ein Hinweis oder sogar der Beweis für eine Fäulnisverdauung.

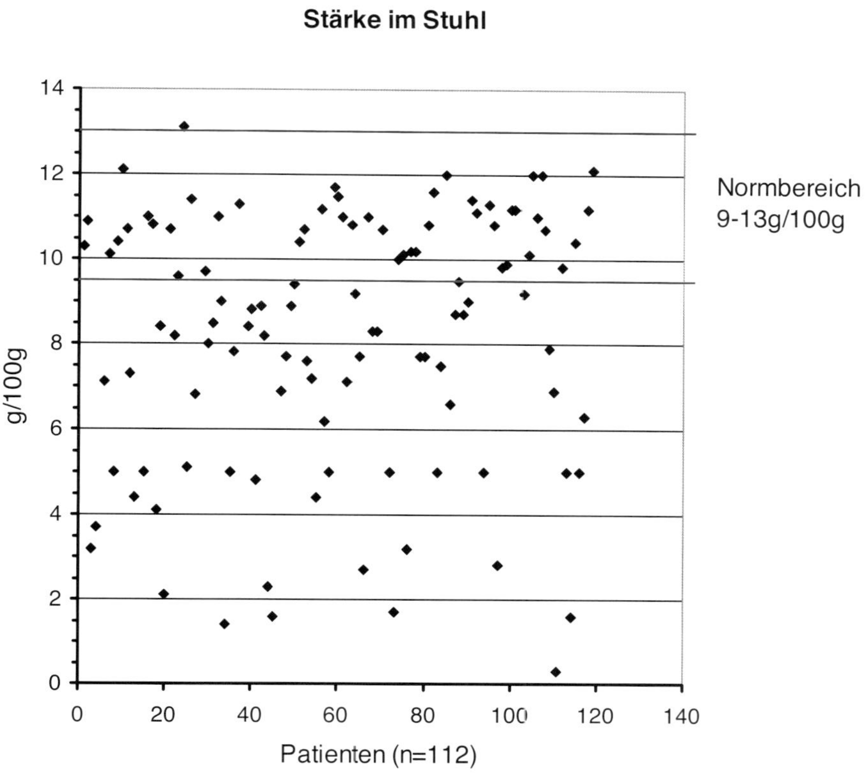

***Abb. 11:** Ausscheidung von Stärke in Stuhlproben von 112 Patienten.*

5. Ist Autismus erblich?

Das Autistische Syndrom ist nicht genetisch bedingt, sondern in vielen Fällen genetisch begünstigt. Trotz vieler Untersuchungen hat man bis heute keinen autismusspezifischen Gendefekt lokalisieren können, vermutlich, weil mehrere Gene auf unterschiedlichen Chromosomen eine Rolle spielen. Eine amerikanische Statistik aus dem Jahr 1983 registrierte 12 Patienten aus dem autistischen Spektrum pro zehntausend Einwohner, eine weitere Statistik vom 2005 zeigt 1,5%. Ein Anstieg über das 10 fache hinaus, was zum Teil sicherlich durch eine bessere Diagnostik bedingt durch Aufklärungsarbeiten erklärbar ist, aber auch eine gewaltige Zunahme der Erkrankung darstellt. Unsere Geninformation ändert sich bekanntlich nicht innerhalb von Jahrzehnten, daher ist Autismus als eine Erbkrankheit weniger wahrscheinlich. Ich kenne zwei eineiige Zwillingspaare, bei denen jeweils ein Bruder Autist ist und der andere sich gesund entwickelt hat. Die genaue genetische Untersuchung dieser Familien könnte sehr informativ sein, ist aber bis heute aus finanziellen Gründen noch nicht durchführbar. Anderseits kenne ich Familien mit zwei Kindern mit Frühkindlichem Autismus, was wiederum für eine Genbeteiligung sprechen würde. Im Allgemeinen geht man von einer genetischen Prädisposition aus. Die Entstehung der Erkrankung bedarf aber eines Zweitschlags. Dies kann z. B. eine Virusinfektion oder eine Impfung sein. In der Genese wird diskutiert, dass gewisse Hirnstrukturen bei Infektionen antigene Eigenschaften annehmen, so dass sich das eigene Immunsystem gegen Nervengewebe richtet und dieses angreift oder das Immunsystem ist so irritiert, dass es eigenes Körpergewebe als Antigene erkennt und so genannte Autoantikörper bildet, die bei vielen Autisten nachweisbar sind (gegen Myelinzellen, gegen Neuroendothelzellen usw.) (Singh et. al. 1997).

6. Immunologie

Bei Untersuchungen der labor-immunologischen Parameter von Autisten ist es typisch, dass sie Auffälligkeiten aufweisen. Es gibt aber keine autismustypischen Auffälligkeiten. Die Laborwerte und die Zusammenarbeit der verschiedenen Komponenten der zellulären Immunabwehr ähneln denen der Patienten mit Autoimmunerkrankungen und denen mit chronisch aktiven Virusinfektionen. Für ein intaktes Immunsystem ist es unentbehrlich, dass unzählige Regelmechanismen mit vielen fördernden und hemmenden Elementen für verschiedene, aufeinander abgestimmte Reaktionen, gut funktionieren. Die Laborergebnisse von Autisten zeigen, dass manche Bereiche des Immunsystems sehr angeregt, hoch stimuliert und aggressiv reagieren, während andere Bereiche der Abwehr, Mängel und Defizite aufweisen.

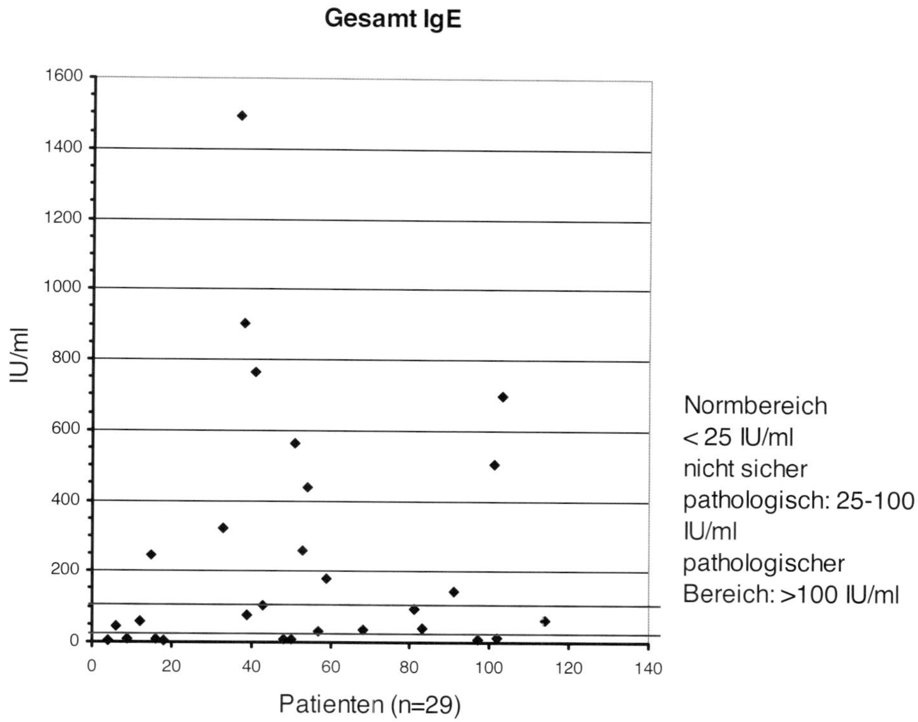

Abb. 12 : *Immunglobuline der Gruppe E von 29 Patienten mit Autismus.*

Bei 11 von 29 bzw. bei etwa 38% der Patienten wurden erhöhte Werte für Gesamt IgE nachgewiesen. Erhöhte Gesamt-IgE-Werte sind charakteristisch für Allergiker, bei denen diese Immunglobuline gegen bestimmte Allergene gerichtet sind. Bei detaillierten Untersuchungen von Autisten habe ich sie aber keinem Antigen zuordnen können. Dieses Phänomen ist wahrscheinlich bedingt durch gestörte Regelmechanismen. Außerdem sind Mängel im Bereich IgA und/oder der Untergruppen von IgG bei diesen Patienten häufiger anzutreffen als bei der Gesamtpopulation.

Es existieren viele wissenschaftliche Arbeiten und Studien im Bereich Immunologie und Pathoimmunologie bei Autismus. Viele Abnormalitäten und Auffälligkeiten bei den Laboruntersuchungen bzgl. der Immunparameter sind erfasst und dokumentiert, auch in meiner Praxis. Auf die Darstellung dieser Laborwerte möchte ich hier verzichten, weil sie primär schwer therapierbar sind und hiermit nicht die erste Intention der Behandlung darstellen. Dieses Buch soll vorwiegend für Eltern von Kindern aus dem autistischen Spektrum, brauchbare und umsetzbare Informationen enthalten. Wegen der Kompliziertheit des Themas „Immunopathologie und Autismus“ werde ich meine Dokumentationen und Berichte separat für Fachleute zusammenfassen.
An dieser Stelle möchte ich aber auf einen Artikel von Hr. Dr. Raabe, Chemiker am Institut für klinische Immunologie und Transfusionsmedizin der Universitätsklinikum Leipzig, verweisen. In dem o. g. Artikel wurden einige Studien diesbezüglich zusammengefasst dargestellt.

7. Assoziation mit angeborenen Stoffwechselerkrankungen

Allein durch die laborchemischen Untersuchungen sehe ich in meiner alltäglichen Arbeit, wie vielfältig die Stoffwechselstörungen bei Autisten sind. Gleichzeitig sind aber auch Parallelen in den Laboruntersuchungen zu erkennen und bei fast allen Patienten zu beobachten.
Betroffene einer Reihe von angeborenen Stoffwechsel-Erkrankungen zeigen unterschiedlich häufig autistische Symptome. Daher sollte bei Autisten mit Hilfe entsprechender Diagnostik, an solche Erkrankungen gedacht und eine weitere gezielte und ursachenorientierte Therapie vorgenommen werden.
In der Tabelle 2. sind, ohne Anspruch auf Vollständigkeit, einige angeborene Stoffwechselerkrankungen aufgeführt. Die Reihenfolge ist rein zufällig und unabhängig von Häufigkeit, Schweregrad der Erkrankung oder häufigem Zusammenhang mit Autismus. Manche dieser Erkrankungen werden in

Deutschland im Rahmen der Säuglingsscreenings routinemäßig nach der Geburt untersucht und sehr früh festgestellt oder ausgeschlossen.

Angeborene Stoffwechselstörungen, die mit dem Autistischen Syndrom einhergehen können:

Erkrankung	Ursache	Symptome, Therapie
Succinat-Semialdehyd-Dehydrogenase-Mangel	Störungen beim Abbau des Neurotransmitters GABA	Symptome: Entwicklungsstörungen, geistige und motorische Retardierung
Tetrahydrobiopterin-Mangel	Anhäufung von Phenylalanin, verminderte Bildung von Serotonin und Katecholamine	Symptome: Geistige und motorische Entwicklungsstörung Therapie: Phenylalaninfreie Ernährung
Galaktose-1-Phosphat-Uridyltransferase-Mangel	Anhäufung von Galaktose-1-Phosphat. Galaktose kann nicht in Glukose umgewandelt werden.	Symptome: Geistige Behinderung, autistische Symptome Therapie: Diätetisch
Uridin-Diphosphat-Galaktose-4-Epimerase-Mangel	Störung der Epimeraseaktivität	Symptome: Wachstumsverzögerung, Lernschwierigkeiten Therapie: Diätetisch, Galaktose-reduktion
Smith-Lemi-Opitz-Syndrom	Defekt der Cholesterolsynthese	Symptome: Syndaktylie 2.und 3. Zehe, Gedeihstörung, Therapie: Cholestrol-Substitution
Guanidinoacetat-Methyl-Transferase-Mangel	Mangel an Kreatin im Gehirn	Symptome: Psychomotorische Störungen, Anfälle Therapie: Kreatin
Phenylketonurie	Autosomal-rezessiv	Symptome: Geistige Behinderung, Epilepsie, hellblonde Kopfhaar Therapie: Diätetisch

Ahornsirup-krankheit (siehe auch Kapitel Aminosäuren)	Mangel an Dehydrogenase verzweigkettiger Ketosäuren	Symptome: Hirnödem, Enzephalopathie, Ataxie, Anfälle Therapie: Diät ohne Aminosäuren Leucin, Valin und Isoleucin
Homocysteinurie	Mangel an Cystationin-Beta-Synthetase	Symptome: Psychomotorische Retardierung, Anfälle Therapie: Vit. B6, Folsäure, Remethylierung, Diät
Pyridoxinabhängige Krampfanfälle	Defekt des Enzyms Glutamat-Decarboxylase, verminderte Synthese von GABA	Symptome: Krampfanfälle, unbehandelt tödlich Therapie: Vit. B6
Histidinämie	Mangel des Enzyms Histidase	Symptome: Geistige Retardierung Therapie: Diätetisch, Enzymtherapie
MTHFR-Mangel	Störungen des Methygruppentransfers	Symptome: Epilepsie, neurologische Symptome, Therapie: S-Adenosyl-Methionin Methyl-cobalamin
Störungen des Biotinstoffwechsels	Biotinidase-Mangel	Symptome: Muskelhypotonie, myokolonische Anfälle, Lethargie, Optikusatrophie, sensoneuraler Hörverlust Therapie: Biotin, Prognose: gut
Harnstoffzyklus defekte	Störung der Umwandlung des hochgiftigen Ammoniaks zum ungiftigen Harnstoff	Symptome: Verhaltensauffälligkeiten, Psychose, Lethargie Therapie: Behandlung der Azidose, Carnitin, B6, Folsäure, Ca., Arginin-hydrichlorid
Pyrrolurie	Verlust von Zink und Vit. B6 über die Nieren	Symptome: Entwicklungsstörungen, Lernstörungen, Legasthenie Therapie: Zink, Vit. B6 (P-5-Ph)
Purin-Autismus	Nicht bekannt	Symptome: Autistische Symptome, erhöhte Harnsäure im Urin, bei normalen Serumwerten. Therapie: Allopurinol

Erkrankung	Ursache	Symptome, Therapie
Dihydropyridin-Dehydrogenase-Mangel	Unklar, niedrige Beta-Alanin-Werte, Anhäufung von Dihydrouracil, erhöhte Ausscheidung von Kreatinin und Uracil	Symptome: Mikrozephalus, Anfälle, psychomotorische Retardierung Therapie: Ungünstig, diätetisch
Nukleotidase-überaktivität	Überaktivität des Enzyms 5-Purin, Pyrimidin-Nukleotidase	Symptome: Infektanfälligkeit, niedrige Harnsäureausscheidung im Urin, Gleichgewichtsstörungen Therapie: Uridin

Tab. 2: Angeborene Stoffwechselerkrankungen, die mit Autismus assozieren können.

8.1. Schadstoffbelastung, Schwermetallbelastung

Eine Gruppe von Wissenschaftlern (S. Bernard, L. Redwood, A Enayati, T. Binstock und H. Roger) hat den Zusammenhang zwischen der Quecksilberbelastung und dem Auftreten von Autismus studiert und in über 150 Artikeln veröffentlicht. Die Forschungen dieser Gruppe wurden durch Arbeiten anderer Forscher zum Teil widerlegt. Allerdings muss erwähnt werden, dass hier nur eine Assoziation von Autismus und vermehrter Exposition gegenüber Schwermetallen untersucht wurde, unabhängig von der Entgiftungskapazität Betroffener verglichen mit Gesunden. Ich bin aber sicher und kann das auch beweisen, dass Autisten eine schwächere Entgiftungskapazität haben als die Normalbevölkerung. Deshalb erscheint es mir sehr wahrscheinlich, dass sie dadurch mehr unter Umweltgiften und Chemikalien leiden als andere Menschen und zwar bei gleicher Exposition. Die Fragestellung, ob eine erhöhte Exposition von Schadstoffen mit häufigem Auftreten von Autismus einhergeht oder nicht, sollte unter Mitberücksichtigung der individuellen Schadstoffempfindlichkeit untersucht werden.

Das Thema Ausleitung im Zusammenhang mit Thimerosal, Schwermetallbelastung und anderen Toxinen fand im Rahmen der Biomedizinischen Behandlungen bei Autisten schon immer großes Interesse. Die praktizierten Untersuchungen und Behandlungsmethoden zeigen, dass in diesem Bereich Bedarf an Information und v. a. Diskussionen besteht. Viele Eltern von autistischen Kindern meinen, dass ihre Kinder ein Problem mit der Schwermetallbelastung haben, bedingt durch Impfung oder durch Amalgamfüllungen der Mutter. Auf einem Fragebogen von Dr. Rimland, Autism Research Institute, Kalifornien, haben Eltern von Kindern mit Autismus, die Ausleitung als erfolgreichste Therapie bewertet.
In den letzten 23 Jahren wurden in Europa mehr als 130.000 verschiedene Chemikalien registriert. In der Regel genügt für deren Anmeldung eine Unbedenklichkeitsbescheinigung vom Hersteller bzw. Betreiber und die Aussage, dass es z. Zt. keine natürliche Alternative für diesen Stoff gibt, um ihn in Umlauf zu bringen. Die Wechselwirkungen und gegenseitige Einflussnahme und Potenzierung der Schädlichkeit wurden nicht untersucht und sind nicht überschaubar. Eine Herausforderung für den menschlichen Organismus, der sich im Laufe seiner Entwicklung mit so einem Problem noch nicht hat auseinandersetzen müssen! Wir besitzen zwar Entgiftungsmechanismen, die uns vor allem bei der Eliminierung von Giftstoffen, die im Rahmen der Verdauung, des physiologischen Stoffwechsels und der Energiegewinnung entstehen, unterstützen. Diese reichen aber nicht bei jedem Individuum aus, mit den neuen, seit der zweiten Hälfte des vergangenen Jahrhunderts zunehmenden Schadstoffbelastungen fertig zu werden. Damit steht die Spezies Mensch vor einer neuen Selektion. Das heißt, wenn die Belastung für weitere hundert Jahre konstant bleibt, erledigt sich das Problem für die Menschheit auf natürlichem Wege, da nur diejenigen ihre Gene an die nächste Generation weitergeben, die durch ausreichende Entgiftungskapazität mit den neuen Anforderungen zurecht kommen.

8.2. Phase I und II der Entgiftung

Schadstoff —Phase I / Aktivierung durch→ Schadstoff mit erhöhter Toxizität

Desaminierung
Dealkylierung
Hydroxylierung
Oxidation, Reduktion

Schadstoff mit erhöhter Toxizität —Phase II / Aktivierung durch→ Zur Ausscheidung, pH- abhängig

Methylierung
Acetylierung
Sulfatierung
Bindung an Glutathion

Die Entgiftung des Körpers erfolgt in mehreren Schritten über unterschiedliche Wege, nämlich über die Niere, Galle, Leber, Haut, Haare, Atem und Darm in zwei Phasen, katalysiert durch Enzyme. In Phase 1 werden ausscheidungspflichtige Substanzen durch Reduktion, Oxidation, Hydrolyse oder Hydrati-sierung in ein reaktives Zwischenprodukt umgewandelt, welches hoch giftig ist. Wenn ein Therapeut die 1. Phase anregt, ohne die nächsten Schritte sichergestellt zu haben, tut er seinen anvertrauten Patienten sicherlich keinen Gefallen.

Ascorbinsäure	Antioxidanz der wässrigen Phase	1000-2000 mg
Zink	Coenzym der Cytochrom P-450	15-25 mg
Vit. B6 (P-5-PH)	Coenzym Methionin-Cystein-Glutathion	50-200 mg
Selen	Coenzym	50-100 µg
Alpha-Liponsäure	Antioxidanz, bindet Schwermetalle	100-200 mg
Molybdän	Antioxidanz, renale Ausscheidung	300-500 mg

Tab.3: Wichtigste Supplemente der Phase I der Entgiftung (Dosisempfehlungen beziehen sich auf die Therapie eines normalgewichtigen Erwachsenen und sind ohne weiteres nicht auf Kinder übertragbar.)

In Phase 2 werden Methylierung, Sulfatierung, Glukoronidierung, Asetylierung und Konjugation mit Aminosäuren und Glutathion stattfinden. Hierdurch werden die Substanzen wasserlöslich gemacht. Nun können sie über Niere und/oder Galle ausgeschieden werden. Phenol Sulfotransferase (PST) ist ein Enzym, das in der Phase II der Entgiftung eine Rolle spielt. Viele Orthomolekularpräparate, die in der biomedizinischen Behandlung von Autismus oder ADD/ADHD eingesetzt werden, wie bspw. Methylcobalamin, MSM, TMG, DMG, NAC und Glutathion, verstärken diese Phase der Entgiftung.

Dr. Rosemary Waring (England) hat untersucht, ob PST bei Autisten eine Fehlfunktion aufweist. Bei mehr als der Hälfte der untersuchten Kinder war der Spiegel dieses Enzyms tatsächlich sehr niedrig. Als Folge können die Betroffenen Phenole nicht sulfatieren (an Schwefel binden und eliminieren) und phenolhaltige Nahrung nicht vertragen. Dr. Waring berichtet über Sulfatmangel bei Autisten im Rahmen einer Untersuchung, dass 92% der untersuchten Kinder einen Sulfatspiegel hatten, der nur 12% des Normwertes entspricht.

Mutationen der Glutathion-S-Transferase-Gene führen zu einer Herabsetzung der Enzymaktivität, die eine Anreicherung von giftigen Substanzen nach sich zieht. Eine Genuntersuchung zur Beurteilung der individuellen Entgiftungskapazität ist laborchemisch möglich.

Die **Glutathion-S-Transferase theta** wird zur Beurteilung des Konjugationstyps herangezogen. Bei niedrigen Aktivitätswerten von GST theta geht man von einer verlangsamten Konjugation und einer dadurch bedingten Ansammlung von Giftstoffen aus.

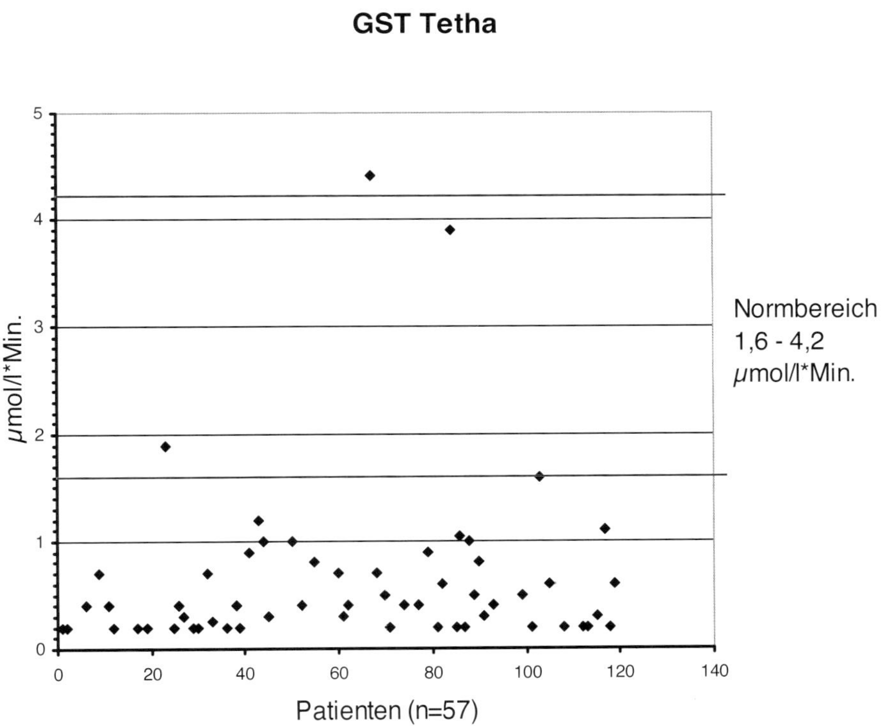

Abb. 13: *Darstellung der Glutathion-S-Transferase theta von 57 Patienten mit Autismus.*

Nur 4 von 57 der untersuchten Proben (siehe Abb. 13) zeigen normale Werte auf. Dies entspricht etwa 7%. Hiermit wurde offensichtlich, dass 93% der Untersuchten, Entgiftungsprobleme und demzufolge Mehrbelastungen mit Giftstoffen bei gleicher Exposition, im Vergleich zur Gesamtpopulation haben.

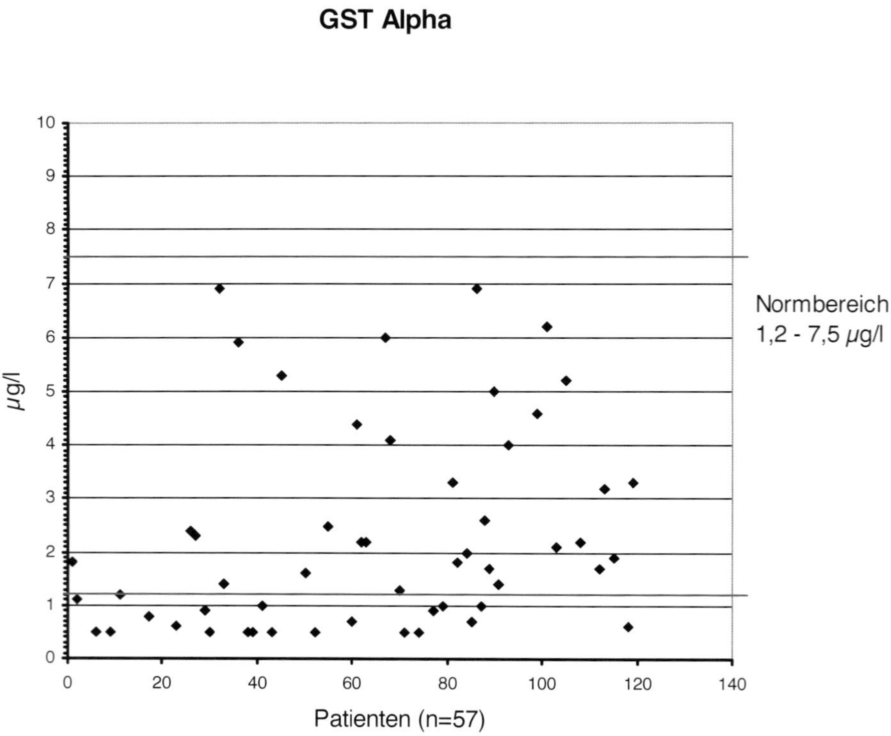

Abb. 14: *Darstellung der Glutathion-S-Transferase Alpha von 67 Patienten mit Autismus.*

Auch bei GST-Alpha sind überdurchschnittlich viele Befunde im pathologisch niedrigen Bereich.

Viele Komponenten, die zur Ausscheidung von Schwermetallen notwendig sind, werden bei oxidativem Stress und bei Entzündungen im Körper verbraucht. Eine Ausleitung sollte daher immer von Antioxidanzien und einer Behandlung der Entzündungen begleitet werden. Bei Entzündungen denke ich an erster Stelle an die Schleimhautentzündung des Dünndarms, hervorgerufen durch

Nahrungsmittelunverträglichkeiten mit Bildung von Gliadin-Ak, Transglutaminase-Ak, Alpha-1-Antitrypsin sowie Antikörper der Klasse IgG4, ein Phänomen, das nicht nur eine lokale Reaktion aufweist. Im Zusammenhang mit Entzündungen darf man auch die Candidose nicht vergessen.

Glutathionsglykosid	Antioxidanz, Ausscheidung über d. Niere und Galle	100-250 mg
Ascorbinsäure	Antioxidanz	1000-2000 mg
MSM, Methylsulfonylmethan	Schwefellieferant	500-2000 mg
L-Methionin	Liefert Disulfid für die Glutathionssynthese	500 mg
N-Acetyl-Cystein	Disulfid	100-300 mg
Vit. B2 (Riboflavin)	Coenzym Glutathion-Reduktase	50-400 mg

Tab 4: Wichtigste Supplemente der Phase II der Entgiftung
Enzyme: Glutathion-S-Transferase
(Dosisempfehlungen beziehen sich auf die Therapie eines normalgewichtigen Erwachsenen und sind ohne weiteres nicht auf Kinder übertragbar.)

8.3. Oxidativer Stress

Freie Radikale sind gekennzeichnet durch das Vorhandensein ungepaarter Elektronen, die äußerst aggressiv Reaktionspartner suchen. Sie sind hochreaktive und instabile Atome oder Moleküle mit ungepaarten Elektronen, die für die normalen Zellfunktionen und als Abwehr bei der Zerstörung von Fremdkörpern eine wichtige Rolle spielen. Aufgrund ihrer extremen Reaktionsfähigkeit greifen sie nahezu sämtliche Strukturen des menschlichen

Körpers an und können dabei Kettenreaktionen auslösen, bei denen neue freie Radikale gebildet werden. Die Konzentration der freien Radikale wird durch die Regelmechanismen im Körper kontrolliert. Unter „oxidativem Stress" versteht man das Missverhältnis zwischen Bildung und Abbau freier Radikale.

Die Bestimmung der Lipidperoxidase wurde zur Kontrolle des oxidativen Stresses, anstelle von instabilen freien Radikalen herangezogen. Erhöhte Werte der Lipidperoxidase sprechen für das Vorliegen des oxidativen Stresses. Bei 73% der Untersuchten geht man, wie in Abb. 15 dargestellt, von einem oxidativen Stress aus.

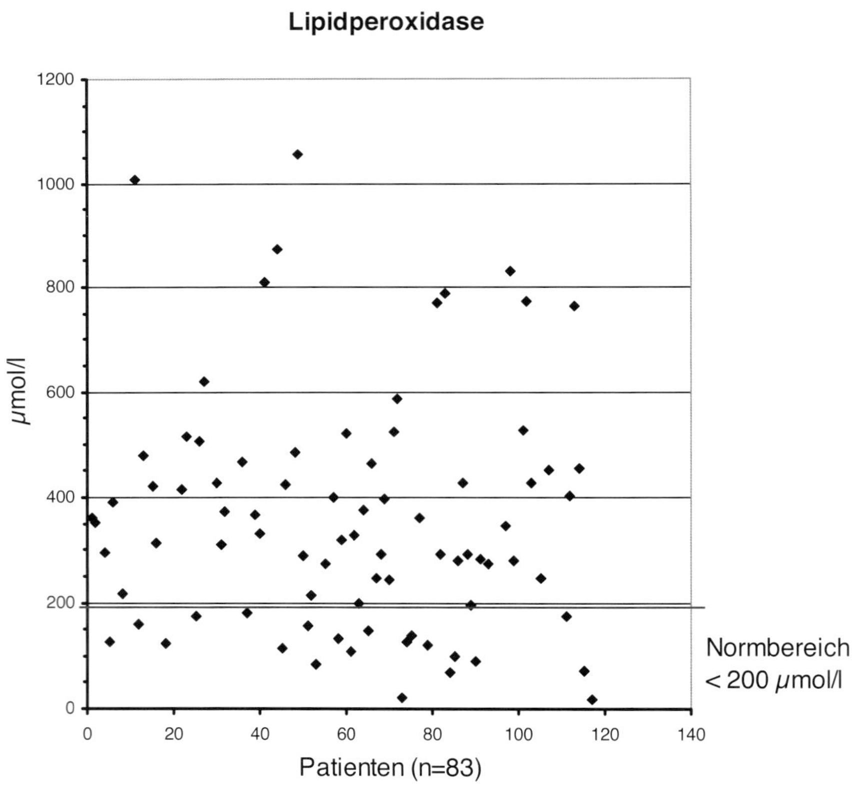

Abb. 15: *Lipidperoxidase im Serum von 83 Patienten mit Autismus.*

Freie Radikale sind sehr instabil und ihre direkte Messung ist schwierig. Deshalb wird die Wirkung freier Radikale indirekt über Reaktionsprodukte erfasst, z. B.:

- Oxidativ modifizierte LDL entsteht durch die Peroxidation mehrfach ungesättigter Fettsäuren. Die Oxidationsresistenz der LDL kann durch die Vitamine E, Lycopin und Betacarotin erhöht werden.
- Isoprostans 8-Epi-Prostaglandin-Bestimmung im Urin. Bei erhöhten Werten kann eine Vitamin C-Gabe hilfreich sein.
- Malondialdehyd
- 8-Hydroxy-2-desoxyguanosin-Bestimmung im Urin
- 3-Nitrotyrosin.

Der menschliche Körper verfügt über ein komplexes antioxidatives System um sich vor Schädigungen durch freie Radikale zu schützen. Antioxidanzien schützen die Zellen vor der negativen Wirkung der freien Radikale.

Verminderte Antioxidanzien sind z. B. bei vielen chronisch entzündlichen Erkrankungen (wie bei einer chronischen Entzündung der Darmschleimhaut) zu finden. Primäre Antioxidantien sind Glutathion, Glutathion Peroxidase, Superoxid Dismutase, Katalase, Ceuroplasmin und Ferittin. Sekundäre Antioxidanzien sind die Vitamine C und E sowie ß-Carotin und Alphaliponsäure.

Antioxidanzien werden in zwei Gruppen eingeteilt:

1. Enzymatische Antioxidanzien:

Katalase, Glutathionperoxidase und Superoxiddismutase.

Um eine optimale Funktion von Enzymen zu erreichen braucht man noch die entsprechenden Coenzyme Selen, Zink, Vitamin B2, B6 und C

2. Nichtenzymatische Antioxidanzien:

a) Endogene Antioxidanzien werden im Körper gebildet, wie bspw. Harnsäure, Glutathion und Dihydroliponsäure.

b) Essentielle Antioxidanzien müssen dem Körper zugeführt werden, wie Vitamin C und E, Ubichinon (Q10) und Provitamin A.

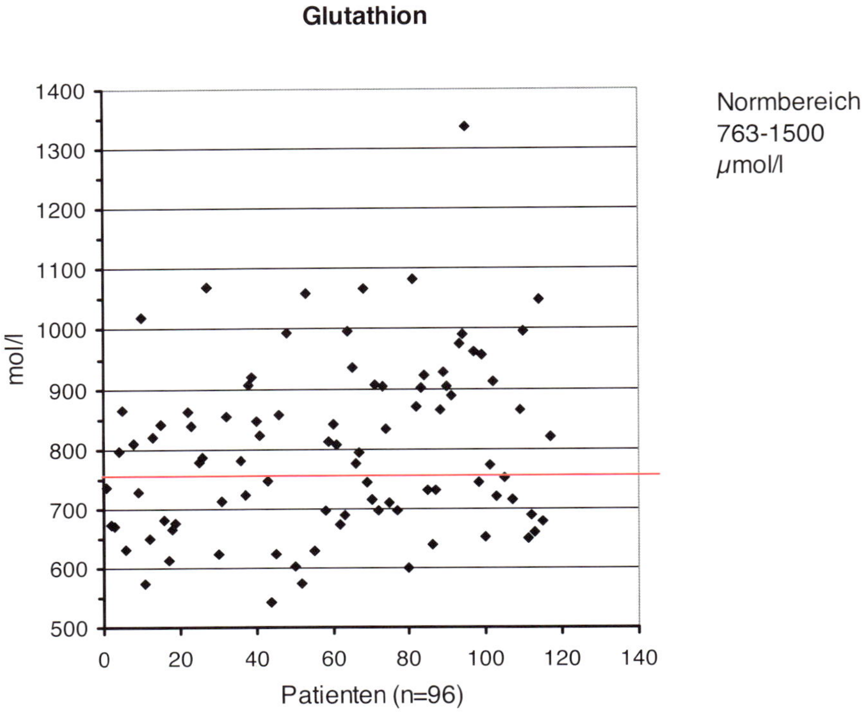

Abb. 16: *Konzentration von Glutathion im Serum von 96 Patienten mit Autismus.*

Glutathion besteht aus drei Aminosäuren: Cystein, Glycin und Glutamin. Ein Tripeptid, das den Körper vor oxidativen Prozessen schützen kann. Das Peptid Glutathion ist seit mehr als 110 Jahren bekannt, seine Bedeutung und Funktion wurde aber erst in den letzten zehn Jahren und nur z. T. erkannt. Es wird sowohl mit der Nahrung aufgenommen als auch vom menschlichen Körper hergestellt. Glutathion ist ein Chelatbildner und unterstützt die Ausscheidung von Schwermetallkomplexen. Außerdem übernimmt es wichtige Funktionen bei der Aktivierung oder Hemmung von Enzymaktivitäten, Stabilisierung der Schwefelverbindungen von Proteinen und beim Transport von Aminosäuren. Da Glutathion an allen Entgiftungsvorgängen direkt beteiligt ist, muss es in

ausreichender Menge vorhanden sein. Es existiert in reduzierter und in oxidierter Form. Aber, nur die reduzierte Form des Glutathion kann aktiv funktionieren. Daher ist bei Untersuchungen wichtig, dass neben dem Gesamtwert auch der reduzierte Anteil mitbestimmt wird. Die Glutathions-Speicher werden durch Schwermetalle, Schimmelpilzgift, Zigarettenrauch, Alkohol, Paracetamol (Schmerzmittel)....geleert.
Die Glutathion-S-Transferase ist ein wichtiges Enzym der Phase 2 der Entgiftung. Ihre Aufgabe besteht darin, giftige Metaboliten und andere ausscheidungspflichtige Substanzen an reduziertes Glutathion zu koppeln und wasserlöslich zu machen, so dass diese über die Nieren ausgeschieden werden können. Die Glutathion-S-Transferasen unterteilen sich in Isoenzymklassen alpha, pi, theta.
Es wird diskutiert, dass die Acetylierung von Glutathion eine bessere Stabilität und eine intrazelluläre Verfügbarkeit von Glutathion ermöglicht (Dr. Ohlenschläger). Außerdem soll S-Acetylglutathion die Biosynthese von Glutathion im Körper nicht beeinflussen. Bei Patienten mit normalem Glutathion-Gesamtwert würde man, um die Eigenproduktion nicht zu beeinflussen, S-Acetylglutathion bevorzugen. Bei nachgewiesenem Mangel an Bausteinen des Glutathions, den Aminosäuren Cystein, Glycin oder Glutamin, sind diese zu substituieren.
Alpha-Liponsäure ist auch ein Chelatbildner, der sich gut zur Schwermetallentgiftung eignet. Außerdem kann der intrazelluläre Gehalt an Glutathion durch Einnahme von Alpha-Liponsäure erhöht werden. Sie besitzt zwei SH-Gruppen, welche Metalle als Komplexe binden und so ausscheiden können. Bei erhöhtem Bedarf an Alpha-Liponsäure können diese, auch wenn an Schwermetallen gebunden, in die Zellen aufgenommen werden. Daher sollte Alpha-Liponsäure erst zum Ende der Ausleitung eingesetzt werden.

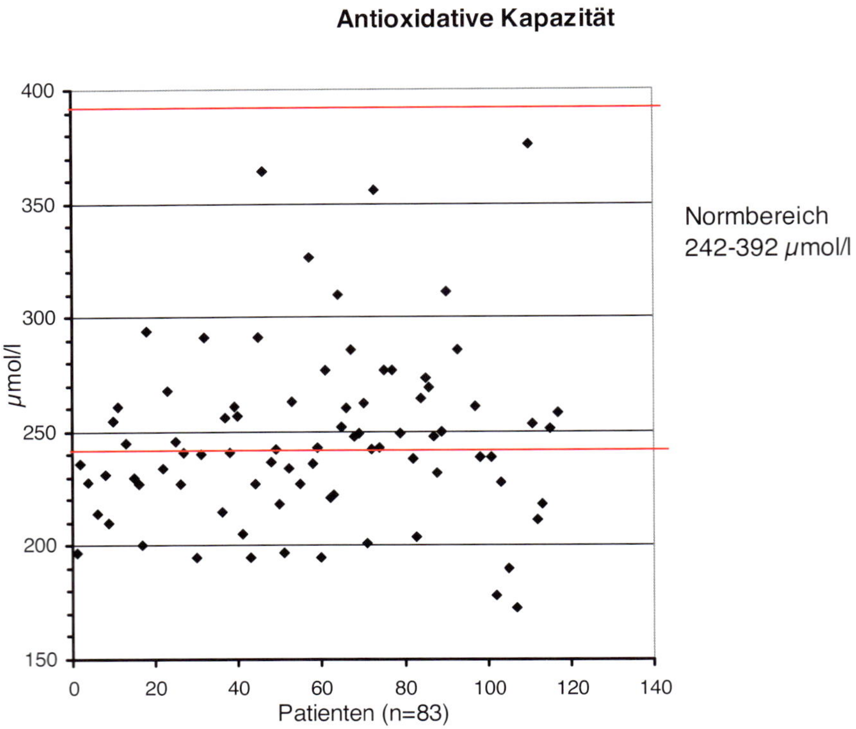

***Abb. 17:** Darstellung der Antioxidativen Kapazität bei 83 Patienten mit Autismus.*

8.4. Entgiftungskapazität, individuelle Schadstoffempfindlichkeit

Warum aber wird ein Kind durch Xenobiotika (hier Schwermetalle) krank und ein anderes nicht? Wo sind die Unterschiede? Warum kann ein Mensch die Gifte wieder loswerden und ein anderer nicht? Wie untersucht man die Entgiftungskapazität eines Menschen? Wie untersucht man die Belastung richtig? Wie kann man bei einem gestörten Entgiftungsmechanismus trotzdem

sicher ausleiten? Diese und noch viele andere Fragen werden in diesem Kapitel bearbeitet.
Die individuelle Entgiftungskapazität, der Glutathionspiegel sowie die Aktivität der Detoxifikationsenzyme können heute laborchemisch ohne großen Aufwand bestimmt werden. Diese Untersuchungen stellen hilfreiche Wegweiser für Entgiftungsbehandlungen dar. Falls die Ergebnisse eine unzureichende Entgiftungskapazität zeigen, wäre die Mobilisation von Giften und Schwermetallen mit Risiken verbunden.

Individuelle Schadstoffabhängigkeit hängt ab
- von der genetisch determinierten Entgiftungskapazität - von der Verfügbarkeit essentieller Spurenelemente - vom oxidativen Stress - von chronischen Entzündungen - von den immunologischen Reaktionen

Entscheidend für die Entgiftungskapazität des Körpers gegenüber Schwermetallen und Umweltchemikalien sind die Glutathion-S-Transferasen, abgekürzt GST. Es gibt GST M-1, GST T1- und GST P1-Gene, deren Mutation zu einer Ansammlung von Schwermetallen und anderen Schadstoffen führt.
Die zweite Phase der Entgiftung ist die Sulfatierung. Sie ist neben der Methylierung, Acetylierung und der Bindung an Glutathion, ein sehr wichtiger Vorgang zur Eliminierung von Giftstoffen aus dem Körper.
Dr. Rosemary Waring zeigte im Rahmen einer Studie, dass bei untersuchten Autisten im Vergleich zu gesunden Probanden eine signifikant niedrigere Menge des Enzyms Phenol Sulfotranferase im Blut nachzuweisen ist. Durch Mangel an Phenol-Sulfotransferase kann der Körper Phenole, die mit der Nahrung aufgenommen werden nicht vollständig verarbeiten.

8.5. Mobilisationstest

Eine Untersuchung bezüglich der Schwermetallbelastung ist einfach und zu gleich scheinbar sehr schwierig. Schwierig, weil sie sehr oft falsch praktiziert und die Ergebnisse falsch interpretiert werden. Wenn man Proben (Haar, Stuhl, Urin oder Gewebe) vor einer Ausleitung untersucht, kann man sehr wenig zu den Belastungen aussagen. Außerdem schließen die negativen Befunde eine Belastung keinesfalls aus. Die Ausgangsbefunde sollte der Therapeut als solche zur Kenntnis nehmen und während der Ausleitung abhängig vom Ausleitungsweg kontrollieren. Vor einer Behandlung kommt erst die Diagnose und vor der Diagnose steht die Untersuchung. Für eine gezielte Untersuchung sollte eine Fragestellung formuliert sein. Die Genauigkeit und Brauchbarkeit der Antwort hängt zum Teil von der Fragestellung ab. Ich kann mich immer noch über Therapeuten ärgern, die eine Ausleitung versuchen, ohne zu wissen, was sie ausleiten wollen, vor allem, wenn die individuelle Entgiftungskapazität nicht bekannt ist.

Vor einer Ausleitung sollte man folgende Schritte beachten:

- einen Überblick verschaffen über den Gehalt von Vitalstoffen sowie Enzymen, die zur Entgiftung benötigt werden.
- anhand von Untersuchungen der Enzyme, die in der Phase I bzw. Phase II eine entscheidende Rolle spielen, feststellen ob und in welcher Phase ein Defizit besteht
- feststellen des Konjugationstyps (Soforttyp, langsamer Typ oder Nulltyp)
- bestimmen von Cytochrom P450, GST-theta, Gesamtglutathion, reduzierter und oxidierter Anteil
- festgestellte Defizite behandeln (in der Regel innerhalb von 2-3 Monaten)
- versuchen anamnestisch herauszufinden, welche Giftstoffe vordergründig in Frage kommen
- Mobilisationstest mittels DMPS oder DMSA und drei Urinproben. Eine Probe sollte vor der Applikation des Mobilisationsmittels, die zweite etwa

2 Stunden danach und, sehr wichtig, die dritte Probe aus dem Sammelurin der weiteren 12 bis 18 Stunden gewonnen werden. Die Untersuchung der dritten Probe habe ich eingeführt, um die Spätausscheidungen zu erfassen. Eine Methode, die immer häufiger von anderen Kollegen übernommen wird. Es ist sehr wichtig und für die Beurteilung unentbehrlich, aus jeder Probe neben den zu untersuchenden Giftstoffen, den Kreatininwert zu ermitteln, um die Werte unabhängig von der Urinkonzentration beurteilen zu können.

8.6. Entgiftung, Ausleitung

Neben der Substitution von Vitalstoffen kommen verschiedene Chelatbildner in unterschiedlichen Darreichungsformen zum Einsatz.

DMPS (Natrium-2,3-**Dim**erca**p**topropan-1-**S**ulfonat) ist in Deutschland unter dem Handelsnamen „Dimaval" (Kapseln oder Ampulle) von der Firma Heyl und „Mercuval" Kapseln der Firma biosyn, beide relativ teuer aus der Apotheke erhältlich. Es ist ein Komplexbildner, der der Mobilisation und der Ausscheidung der im Extrazellulärraum vorhandenen Schwermetalle dient. Durch eine Gleichgewichtsstörung zwischen dem Intra -und Extrazellulärraum wird ein „Sogeffekt" auf die Schwermetalle in den Zellen v. a. im Fettgewebe ausgeübt. Obwohl das DMPS die Blut-Hirn-Schranke nicht überwindet, wandern die Schwermetalle aus dem Gehirn (Fettgewebe) in den Extrazellulärraum ab und werden dann aus dem Körper ausgeschieden. DMPS sowie DMSA reagieren leider nicht nur mit Schwermetallen, die wir loswerden wollen, sondern es werden auch andere, für unseren Metabolismus wichtige Metalle ausgeschieden, und zwar in folgender absteigender Reihenfolge:

Zink - Zinn - Kupfer - Arsen - Quecksilber - Blei - Eisen - Cadmium - Nickel - Chrom

DMSA (R,S-2,3-**Di**-**M**ercapto-**S**uccinic-**A**sid) ist auch ein Chelatbildner und ist nicht rezeptpflichtig bzw. über Auslandsapotheken oder aus dem Ausland sehr preisgünstig im Vergleich zu DMPS aus der Apotheke, erhältlich. Im Gegensatz zu DMPS kann DMSA die Blut-Hirn-Schranke überwinden und direkt im Zentralen Nervensystem wirken. Die Gesamtausscheidung an Schwermetallen ist aber mit DMPS stärker als mit DMSA. Bei Allergien gegen DMPS kann man immer noch mit DMSA versuchen, Erfolge zu erzielen.

Weitere Chelatbildner:

Dimerkaptopropanol, Dithioglyzerin, British Anti Lewisit (BAL), Äthylendiamintetraessigsäure.

An dieser Stelle möchte ich noch kurz eine andere Methode der Schwermetall-Ausleitung vorstellen, die durch Dr. Klinghard in Deutschland bekannt wurde. Sie basiert auf einer Behandlung mit Chlorella-Algen, Koriander-Kraut und Bärlauch oder Knoblauch, laut amerikanischer Studien mit gutem Erfolg.

Verwendet man zum Ausleiten von Schwermetallen, DMSA oder DMPS, sollte dies wegen der Elektrolytenentgleisung und der Umverteilung von Schadstoffen, bedingt durch deren Mobilisation im Körper, nur unter ärztlicher Kontrolle durchgeführt werden!

Zusammenfassend zum Thema Entgiftung in vier Schritten:

1) Verringerung bis Vermeidung weiterer Giftstoffe (passives Rauchen, Chemikalien…)
2) Verstärkung der Entgiftungskapazität durch Supplementierungen
3) Entgiftung mittels Mobilisation, Supplementierung und Ausleitung
4) Kontrolle der Elektrolyte wie Zink, Selen, Eisen und andere Mineralien, die mitausgeschieden werden

9. Laboruntersuchungen

Folgende Untersuchungen können unter Berücksichtigung der anamnestischen Angaben und des klinischen Befundes veranlasst werden:

Urinuntersuchungen

Gliadorphine und Caseomorphine im Urin, organische Säuren im Urin, Mukopolysaccharid-Suchtest (Glycosaminoglykane), reduzierende Substanzen, Aminosäuren qualitativ im Urin (Dünnschichtchromatographie), Hemopyrrollactam, Kryptopyrrol, Keton im Urin, Urinkreatinin, Harnsäure, pH-Wert, Sulfittest zum Ausschluss eines Sulfitoxidase-Mangels,
Nitruprussid-Test: Nachweis schwefelhaltiger Säuren.

Plasma-, Serum-, und Vollblutuntersuchungen:

Aminosäuren (quantitativ):

a-Aminobuttersäure	Glutaminsäure	Ornithin
Alanin	Glycin	Phenylalanin
Arginin	Histidin	Prolin
Asparagin	Hydroxy-Prolin	Serin
Asparaginsäure	Isoleucin	Taurin
Citrullin	Leucin	Threonin
Cystin	Lysin	Tyrosin
Glutamin	Methionin	Valin

IgG-vermittelte Nahrungsmittel-Unverträglichkeiten, Diaminooxidase, Homocystein,
Kleines Blutbild, Leberprofile, Elektrolyte im Serum und im Vollblut
Glutathion (gesamt, reduziert und oxidiert), Lipidperoxide,
Fettsäuren-Profil, Harnsäure, Harnstoff, GOT, Lactat und Pyruvat,
Humoraler und zellulärer Immunstatus, evtl. Nachweis von Autoantikörpern

Trockenblut:

Acylcarnitine

Abbauprodukte einer Pilzinfektion (im Urin):

Zitraäpfelsäure, 5-Hydroxymethyl-2-Brenzschleimsäure, 3-Oxoglutarsäure
Furan-2,5-Dikarbonsäure, Furancarbonylglykokoll, Weinsäure, Arabinose,
Karboxyzitronensäure

Abbauprodukte einer bakteriellen Infektion (im Urin) :
2-Hydroxyphenylessigsäure
4-Hydroxymilchsäure

Bakteriell (anaerobisch):
HPHPA, 3-(3-Hydroxyphenyl)-3-Hydroxypropionsäure
Vanillinmandelsäure-Analog (VMA)

Stuhluntersuchungen:
Darmflora (incl. Candida), Alpha-1-Atitrypsin, Calprotectin, Sekretorisches IgA, Beta-Defensin, Verdauungsrückstände (Fett, Eiweiß und Stärke), Anti-Gliadin- Ak, Transglutaminase-Ak (polyvalent), Fruktoseintoleranz

Bei Verdacht auf **eiweißabhängige Stoffwechselerkrankungen** wird folgende Basisdiagnostik empfohlen: Lactat, Ammoniak, Säure-Basen-Status, Blutzucker, Transaminase, Creatinkinase und Ketostix.

In seltenen Fällen kann eine vaskuläre Störung (**Durchblutungsstörung**) im Sinne einer gedrosselten Blutzufuhr für die Entstehung der Erkrankung verantwortlich sein. Entweder bei einer Gefäßanomalie der Hirngefäße oder einer Blockade im HWS-Bereich, vor allem im Atlanto-occipital-Gelenk.

10. Orthomolekulare Therapie

Die **Orthomolekulare Therapie** geht von der Annahme aus, dass viele Erkrankungen durch einen Mangel oder ein Missverhältnis von Nährstoffen und Molekülen im Organismus hervorgerufen werden. Durch Substitution dieser Stoffe (Amino- und Fettsäuren, Mineralien und Vitamine) soll das Missverhältnis behoben und die Krankheitsursache behandelt werden, im Gegensatz zu einer Symptombekämpfung. Die substituierten Biomoleküle werden zum Teil über den normalen Tagesbedarf hinausgehen (Megadosen), bspw. wegen einer gestörten Aufnahmefähigkeit oder/und vermehrten Verbrauchs.

Dr. Linus Pauling, der zweifache Nobelpreisträger beschrieb sein Konzept der orthomolekularen Psychiatrie in der Zeitschrift *Science im Jahre 1968*, wie folgt:

> „Orthomolekulare Medizin ist die Erhaltung guter Gesundheit und die Behandlung von Krankheiten durch Veränderung der Konzentration von Substanzen im menschlichen Körper, die normalerweise im Körper vorhanden und für die Gesundheit erforderlich sind“
> [Dr. Pauling (1901-1994)]

In den 50er Jahren entwickelten Dr. Humphry Osmond und Dr. Abram Hoffer die Hypothese, dass an der Entstehung der Schizophrenie ein Stoffwechselprodukt des Adrenalins „das Adrenochrom“ beteiligt ist. Adrenochrome entstehen bei der Oxidation von Adrenalin und Noradrenalin. Hoffer und Osmond haben entdeckt, dass durch eine hochdosierte Therapie mit Vit. C (mehr als 1500 mg täglich) und Vit. B3 (mehr als 3000 mg täglich) der Adrenochromspiegel gesenkt werden kann. Durch diese nebenwirkungsarme bis -freie Therapie haben sie die Krankheitssymptomatik positiv beeinflussen können.

10.1. Orthomolekulare Medizin in der Behandlung von Autismus und AD(H)D

In diesem Abschnitt sollen die Eigenschaften der Vitamine und einige andere Orthomolekularpräparate nur in Zusammenhang mit konkreten Krankheitsbildern dargestellt werden. Die hier erwähnten Präparate stellen nur einen Teil der Orthomolekulartherapie bei Autisten und AD(H)D Patienten dar. Außerdem sind andere Funktionen und Eigenschaften der Stoffe, die nicht direkt in diesem Zusammenhang stehen, nicht berücksichtigt und nicht erwähnt worden.

Vitamine: Vitamine sind essentielle Bestandteile der Nahrung. Mit Ausnahme des Vit. D kann der menschliche Körper Vitamine nicht synthetisieren.

10.2. Wasserlösliche Vitamine:

Vitamin B1 (Thiamin): Thiamin wird durch tierische aber auch pflanzliche Nahrung im Darm aufgenommen und vorwiegend in der Leber in das aktive Thiaminpyrophosphat umgewandelt. Es übernimmt als Coenzym der Pyruvatdehydrogenase und Alpha-Ketoglutaratdehydrogenase eine entscheidende Funktion im mitochondrialen Energiestoffwechsel. Viele Enzyme des Citratzykluses benötigen Vit. B1 als Coenzym um die Amino- und Fettstoffwechselreaktionen zu regulieren. Thiamin spielt eine wichtige Rolle bei der neuralen Reizleitung und Reizübertragung an den Synapsen im zentralen und peripheren Nervensystem und am Stoffwechsel der Neurotransmitter. Außerdem ist Thiamin als Antioxidanz sehr wichtig. Bei einem Thiaminmangel sind vor allem das zentrale und periphere Nervensystem betroffen und in erster Linie Symptome wie Konzentrationsstörung, Verwirrtheit, herabgesetzte Belastbarkeit, Schlafstörung und periphere Neuropathien zu beobachten.

Im Rahmen einer funktionellen Laboruntersuchung ist die Aktivitätskontrolle der Pyruvatdehydrogenase, erythrozytären Transketolase und Alpha-Ketoglutarat-Dehydrogenase sinnvoll. Bei reduzierter Aktivität der o. g. Enzyme und einem Anstieg der Lactat -und Pyruvatspiegel im Blut kann von einem funktionellen Vit. B1-Mangel ausgegangen und dieser entsprechend substituiert werden.

Vitamin B2 (Riboflavin):

Wichtige Funktionen:

- Abbau von Purin
- Schutz zellulärer Proteine vor der oxidativen Schädigung
- Oxidative Phosphorylierung und Dehydrierung von Fettsäuren
- Oxidative Biotransformation und Entgiftung, vor allem in der zweiten Entgiftungsphase

Vitamin B3 (Niacinamid/Niacin):

Wichtige Funktionen:

- beteiligt an der Synthese von Myelin der Nervenscheiden.
- Entgiftung
- hilft beim Auf- und Abbau von zahlreichen Proteinen
- wird zur Behandlung der Schizophrenie eingesetzt

Mangelerscheinungen:

- Neurologische Beschwerden wie: Reizbarkeit, Müdigkeit, Verwirrtheit bis hin zu Psychosen

Vitamin B5 (Pantothensäure), Pantetin: ist ein wichtiger Bestandteil des Coenzyms A. Acetyl-CoA ist die aktive Form von CoA und ist am Aufbau von Fettsäuren und Gallensäure, Acetylcholin, Porphyrin, Vit. D und manchen Hormonen beteiligt. Bei Mangel von Vit. B5 sind neben unspezifischen Symptomen wie Taubheitsgefühl, Kribbeln und brennende Schmerzen der Füße, zu beobachten.

Vitamin B6 (Pyridoxal, Pyridoxin und Pyridoxamin): Vit. B6 spielt eine entscheidende Rolle für die Bildung von Neurotransmittern wie Serotonin und Dopamin, wodurch manche neurologisch-psychiatrischen Symptome bei Vit. B6-Mangel erklärt werden können. B6 ist als Coenzym für die Diaminooxidase notwendig, um Histamin abzubauen. Außerdem ist es bei der Synthese von Fetten, die die Nervenmyelinscheide bilden, beteiligt.

Vit. B6 ist darüber hinaus beteiligt an der Bildung des Neurotransmitters Dopamin und spielt, neben Vit. B12 und S-Adenosylmethionin (SAM), eine wichtige Rolle bei der Umwandlung von Noradrenalin zu Adrenalin. Die Katecholamine Adrenalin und Noradrenalin sind Hormone, die im Nebennierenmark gebildet werden. Das physiologische Verhältnis von Adrenalin zu Noradrenalin beträgt 4:1. Adrenalin ist für eine zielgerichtete Aufmerksamkeit, Fokussierung und selektive Wahrnehmung zuständig, während Noradrenalin durch Kontraktion der Blutgefäßmuskulatur zu einer

Minderperfusion der Organe (z. B. Gehirn) und dadurch zu Laktatbildung und Entstehen eines saueren Milieus führt. Bei einem Mangel an Vit. B6, B12 oder einer Methylgruppe derselben, verschiebt sich das Verhältnis von Katecholamine zu Gunsten des Noradrenalins.

Vitamin B12 (Cobalamine): Für die Resorption von Vit. B12 ist ein sog. Intrinsic Faktor notwendig, der in den Belegzellen des Magens produziert wird und Vit. B12 spezifisch bindet und so vor der Zerstörung durch Enzyme und Darmbakterien schützt. Die Aufnahme erfolgt dann im Dünndarm. Ein Mangel an Vit. B12 führt zum Abbau der Myelinscheide der Nervenzellen und dadurch zu Sensibilitätsstörungen, Taubheitsgefühlen, Gedächtnisstörungen, Geschmacks- und Geruchsinnstörungen, Müdigkeit, Konzentrationsstörungen und weiteren neurologischen Beschwerden. Das übliche Vit. B12 bei der Vit. B12-Therapie ist das Cyanocobalamin. Es muss vom Organismus aber erst in die aktiven Formen Methylcobalamin oder Adenosylcobalamin umgewandelt werden, vorausgesetzt seine Fähigkeit dazu ist nicht aufgrund von Enzymdefekten beeinflusst. Außerdem ist der Cyano-Rest toxisch und kann bei beeinträchtigter Entgiftungskapazität ein Problem darstellen. Methylcobalamin ist bei der Umwandlung von Homocystein zu Methionin erforderlich. Bei Methylcobalaminmangel kommt es zu einer Störung des Folsäurestoffwechsels einhergehend mit einer Störung der DNS-Synthese und Auswirkungen auf die Blutbildung. Bei Adenosylcobalaminmangel kommt es zur Bildung unphysiologischer Fettsäuren, deren Einlagerung in die neuralen Lipide, Ursache der ZNS-Störungen (Störungen des zentralen Nervensystems) sein kann.

Wichtige Ursachen für Vit. B12-Mangel können sein:

- Mangel an Intrinsic Faktor bei Magenschleimhautentzündungen (z. B. durch Helicobacter pylori-Infektion)
- Anazidität (erhöhter pH-Wert im Magen)

- Aufnahmestörung im Dünndarm durch bakterielle Überwucherungen oder Schleimhautentzündungen.

Biotin: wird auch Vitamin H genannt und ist ein unerlässliches Coenzym. Der Bedarf an Biotin wird zum Teil mit der Nahrung abgedeckt und zum Teil durch die Darmflora endogen synthetisiert. Daher ist ein Biotinmangel sehr oft mit einer Dysbiose vergesellschaftet. Neben den dermatologischen Symptomen kommt es bei einem Biotinmangel zu neurologischen Beschwerden, wie bspw. Parästhesien, Kribbeln und Taubheitsgefühl, Depressionen, Angstzustände, Müdigkeit und Veränderungen des Gemütszustandes.

Vitamin C (L-Ascorbinsäure): In einer placebokontrollierten Doppelblindstudie mit überkreuzendem Versuchsplan an 18 Autisten untersuchten Dolske et al. (1993) die Wirkung von Vit. C auf die autistische Verhaltensweise (Beurteilung über die Ritvo-Freemann-Skalierung). In der ersten Phase des Versuches (siehe Tabelle 5) erhielten alle Probanden täglich 8 g Vit. C pro 70 kg Körpergewicht geteilt in 2-3 Dosen über 10 Wochen. Danach in der 2. Phase erhielt eine Gruppe bestehend aus 9 Personen, randomisiert für weitere 10 Wochen Vit. C und die andere Gruppe Placebos. In der 3. Phase wurde die Behandlung umgekehrt. Das Verhalten der Probanden wurde wöchentlich untersucht und dokumentiert. Die autistischen Merkmale verschlechterten sich signifikant beim Übergang von der Vit. C-Behandlung zur Placebo-Gabe und verbesserten sich signifikant bei umgekehrtem Design. Dolske et al diskutieren den positiven Effekt der Vit. C Behandlung als neuromodulatorische Wirkung auf das dopaminerge System.

	Gruppe 1 (9 Personen)	Gruppe 2 (9 Personen)
10 Wochen	Vit. C Behandlung	Vit. C Behandlung
10 Wochen	Vit. C Behandlung	Placebo
10 Wochen	Placebo	Vit. C Behandlung

Tab. 5: Studienplan zur Untersuchung der Auswirkung einer Vit. C – Behandlung auf autistische Verhaltensweise.

Folsäure: gehört zur Gruppe der B-Vitamine. Nach Aufnahme in den Organismus wird sie unter Beteiligung von Vit. C und Vit. B12 zur aktiven Form Tetrahydrofolsäure umgewandelt, reduziert. Die Aufnahme der Folsäure im Darm ist ein pH-abhängiger Vorgang, der vor allem im oberen Dünndarmabschnitt stattfindet. Bei einem Anstieg des pH-Wertes kommt es zu einem Abfall der Folsäureresorption. Außerdem hängt die Aufnahme sehr stark von einem in der Darmschleimhaut vorkommenden Enzym, der Folsäure-Dekonjugase ab, das wiederum Zink als Coenzym benötigt. Folsäuremangel führt zu Konzentrationsschwäche und Reizbarkeit. Die mengenmäßige Bestimmung von Folsäure im Labor ist nur bedingt aussagefähig, da die Erfüllung der Funktion hierdurch nicht unmittelbar feststellbar ist. Ein erhöhter Homocystein-Wert im Blut kann einen Hinweis auf einen Folsäuremangel aber auch auf einen B6 und/oder B12 Mangel sein. Außerdem kann ein Histidinbelastungstest auf einen Folsäurenmangel hinweisen.

10.3. Fettlösliche Vitamine

Vitamin A (Retinol): wird (neben anderen Anwendungsbereichen) in der Schwangerschaft und bei Erkrankungen der Leber, des Pankreas und Darms angewendet. Eine amerikanische Ärztin, Frau Mary Norfleet Megson hat einige autistische Kinder zwei Monate lang mit Vit. A und anschließend mit Bethanechol (in Deutschland unter dem Handelsnamen Myocholine-Glenwood) behandelt. Sie berichtet über eine Besserung in den Bereichen Konzentration, Blickkontakt sowie Sprache, schon nach der ersten Einnahme einer Bethanechol-Tablette. Die Anwendung von Bethanechol bei Kindern wird allerdings von Seiten der Hersteller in Deutschland nicht empfohlen, weil keine ausreichenden Erfahrungswerte bei der Behandlung von Kindern vorliegen.

10.4. Elektrolyte und Spurenelemente

Kalzium: etwa 10% des Blutkalziums befindet sich intrazellulär vorwiegend erytrozytär und 90% im Serum. Symptome wie Muskelkrämpfe, Depressionen, Kopfschmerzen, Leistungsschwäche und Haut- sowie Schleimhautbeschwerden können durch niedrige Kalziumwerte verursacht werden. Eine verminderte Kalziumaufnahme kann durch leichten Vit. D-Mangel verursacht sein. Vit. D-Mangel kann wiederum durch eine chronisch entzündliche Darmerkrankung, die bei Autisten sehr häufig der Fall ist, hervorgerufen werden. Außerdem sollte der erhöhte Bedarf im Kindesalter auch noch mitberücksichtigt werden.

Der Zusammenhang zwischen Kalzium und autistischer Entwicklungsstörung ist meines Erachtens nach weniger vom Kalziumgehalt, sondern viel mehr von der Funktion der Kalziumpumpen an den Zellmembranen und der gestörten Verteilung zwischen dem Intra -und extrazellulären Raum, abhängig. Ich hoffe, dass ich in naher Zukunft mehr darüber berichten und therapeutische Möglichkeiten anbieten kann.

Magnesium: Bei einem Magnesiummangel muss mit folgenden Beschwerden gerechnet werden:

a) neurologische Symptome: Kopfdruck und Kopfschmerzen, Schwindel, geringe Belastbarkeit, Depressionen, Stimmungsschwankungen, Angstzustände etc.

b) Herz- und Kreislaufbeschwerden.

c) viszerale Symptome: Krämpfe der glatten Muskulatur (Magen, Darm, Blase...).

d) Beeinträchtigung der zellvermittelten Immunkompetenz.

Beobachtungsstudien haben gezeigt, dass bei Kindern Verhaltensauffälligkeiten, Konzentrations- und Leistungsschwächen, sowie häufige Bauchschmerzen mit Magnesiummangel korrelieren können. Diese Symptome bilden sich durch Magnesiumgabe vollständig zurück. Bei einer Magnesium-Substitution ist zu beachten, dass nur etwa 1/3 der oral zugeführten Menge vom Körper aufgenommen wird.

Selen: Der Selengehalt im Boden unterliegt starken Schwankungen. In europäischen Ländern sind die Böden im weltweiten Vergleich relativ selenarm. Gleichzeitig wird dem Tierfutter in Europa Selen zugeführt, so dass die Selenaufnahme bei Menschen zum größten Teil vom Fleischverzehr abhängt. Selen spielt u. a. eine wichtige Rolle zur Immunregulation. Selen ist als Coenzym des Entgiftungsenzyms Glutationperoxidase gegen freie Radikale und zur Entgiftung sehr wichtig. Es darf nur bei nachgewiesenem Mangel therapeutisch eingesetzt werden. Der tägliche Bedarf liegt bei 40 µg bis 70 µg.

Zink: Zur Bildung vieler Neurotransmitter spielt Zink als Coenzym eine essentielle Rolle. Bei einer Zinksubstitution ist zu beachten, dass die Resorptionsrate etwa 20% der zugeführten Menge beträgt. Eine Zinkbestimmung durch Laboruntersuchungen sollte im Vollblut erfolgen, da etwa 90% intrazellulär gebunden ist und eine Serumbestimmung sehr eingeschränkt aussagefähig ist. Die Zinkaufnahme wird durch eine Pankreasinsuffizienz negativ beeinflusst, da Zink an Fette gebunden besser resorbiert werden kann. Vit. B6 und die Aminosäure Cystein verbessern die Bioverfügbarkeit von Zink. Bei Kindern liegt im Allgemeinen ein erhöhter Zinkbedarf vor, weil Zink für Gedeih und Wachstumsprozesse aber auch bezüglich verschiedener Hirnfunktionen eine enorm wichtige Rolle spielt. Die Rolle eines Zinkmangels bei Verdauungsstörungen und Immunschwäche an der Darmschleimhaut wurde von Dr. Wapnir untersucht und veröffentlicht. Mulder und seine Kollegen haben die Rolle von Zink bei der Entgiftung des Körpers von Schwermetallbelastungen nachgewiesen. Die Tatsache, dass sich ein Zinkmangel negativ auf Lernfähigkeit, Konzentration und Gedächtnis auswirkt, wurde von Golub und Mitarbeitern dokumentiert. Sie haben außerdem die positiven Folgen einer Zinksubstitution studiert. Ein Thema, dass in der Autismustherapie zu Recht großes Interesse gefunden hat.

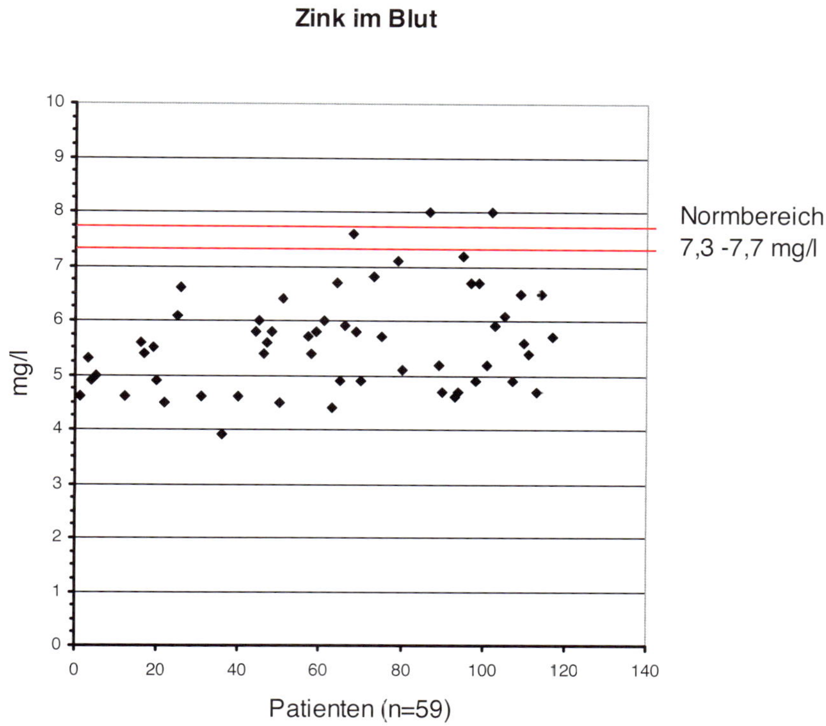

***Abb. 18:** Zinkkonzentration im Vollblut von 59 Patienten mit Autismus.*

Wie in Abbildung 18 veranschaulicht, wurde bei 56 von 59 untersuchten Patienten Zinkmangel nachgewiesen.

Bei einer Hyperpyrrolurie wird vermehrt Zink in Form einer Komplexbildung mit Vit. B6 und Kryptopyrrol über die Nieren ausgeschieden. Daher sollte bei bekanntem Zinkmangel im Vollblut an eine verstärkte Ausscheidung im Urin gedacht und diesbezüglich untersucht werden, weil in solchen Fällen auch eine Vit. B6 Substitution erforderlich ist. Die Symptome eines kombinierten Zink und Vit. B6 Mangels sind sehr diffus und unspezifisch, und gehen meistens mit psychosomatischen Störungen einher. Die Patienten werden aber leider in der Regel, ohne Erkennung der Ursache, über Jahrzehnte hinweg symptomatisch behandelt.

Coenzym Q10: Q10 ist unabdingbar für die mitochondriale Atmungskette und den Energiestoffwechsel. Zur Synthese von Q10 werden Mikronährstoffe wie Folsäure, Pantothensäure, Niacin, Vit. B6 und Vit. B12 sowie Aminosäuren wie bspw. Phenylalanin benötigt. Q10 wirkt stabilisierend auf die Zellstruktur und spielt eine wichtige Rolle als Antioxidanz (Golden, T. R. et al. 2001). Außerdem sind neuroprotektive (nervenschützend) (Calabrese, V. et al.) und immunstabilisierende (Crane, F.) Effekte nachgewiesen

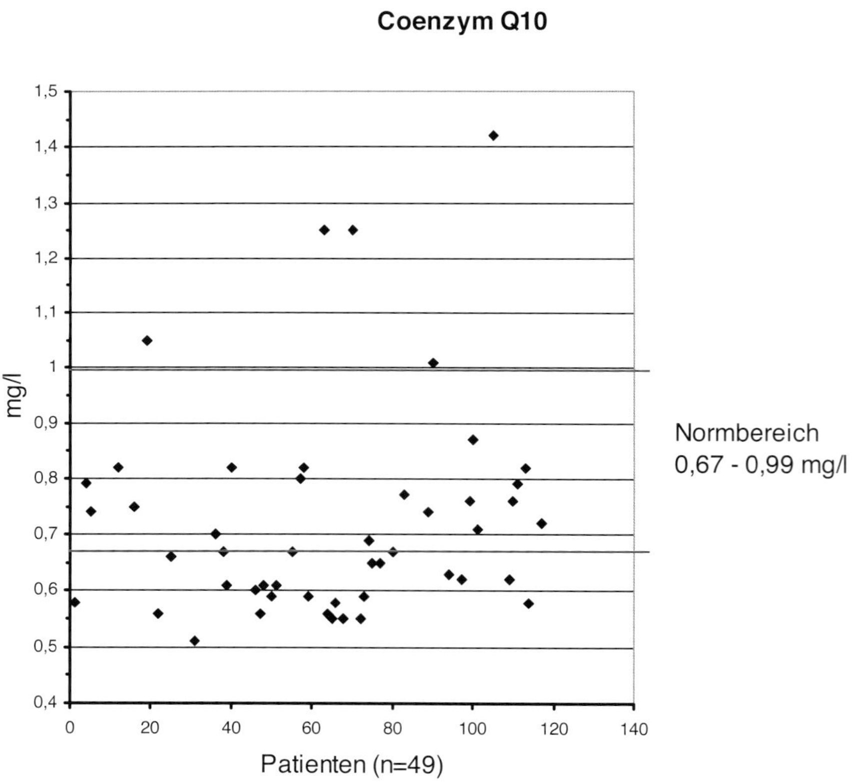

Abb. 19: Konzentration von Coenzym Q10 im Blut von 49 Patienten mit Autismus.

Bei 23 von 49 Patienten wurden niedrige Werte für das Coenzym Q10 nachgewiesen.

10.5 Aminosäuren

Essentielle Aminosäuren: müssen in bestimmten Mengen mit der Nahrung dem Körper zugeführt werden, weil er diese Aminosäuren selbst nicht synthetisieren kann.

Methionin dient der Bereitstellung von Methylgruppen für zahlreiche Biosynthesen wie z. B. Neurotransmitter. Außerdem ist Methionin eine Vorstufe des Coenzyms A, welches an einer Vielzahl biochemischer Reaktionen beteiligt ist. Die stoffwechselaktive Form von Methionin ist S-Adenosylmethionin (SAM). Zur Aktivierung von Methionin sind Magnesium und Glutathion als Cofaktoren notwendig. S-Adenosyl-Methionin ist an der Synthese der Neurotransmitter beteiligt und wird bei der Behandlung von Depressionen eingesetzt. Methionin ist außerdem am Abbau von Histamin beteiligt und hat eine antiallergische Wirkung. Methionin ist neben Vit. C, Vit. B6 und B3 für die Bildung von Carnitin unentbehrlich.

Achtung: bei therapeutischem Einsatz von Methionin sollte auf eine ausreichende Versorgung mit Folsäure, B6 und B12 geachtet werden.

Achtung: bei einer mangelhaften Zufuhr von Methionin kann Cystein zur unentbehrlichen Aminosäure werden.

Achtung: eine Methionin-Gabe ist kontraindiziert bei einer Hyperhomocysteinämie, schweren Lebererkrankungen, metabolischen Azidose und strenge Indikation bei schizophrenen Psychosen.

Dosisempfehlung: 500-1000 mg täglich.

Leucin, **Isileucin** und **Valin** sind verzweigkettige Aminosäuren. Sie sind essentiell, dass heißt sie müssen mit der Nahrung zugeführt werden. Bei der Ahornsirupkrankheit, einer angeborenen Stoffwechselkrankheit, ist die oxidative Decarboxylierung und Transaminierung dieser Aminosäuren gestört. Dies führt zur Vermehrung der Alphaketonsäuren. Der Urin der Patienten riecht nach Ahornsirup, daher der Name. Patienten mit Ahornsirupkrankheit entwickeln nicht selten autistische Symptome.

Tryptophan:

Wichtigste Funktionen:

- Beteiligung an der Synthese von Serotonin, Melanin, Nicotinsäure (Vit. B3) und Picilinsäure.
- Zu den Funktionen des Neurotransmitters Serotonin zählen die Regulierung des Schlaf-Wach-Rhythmus, der Stimmungslage, der Schmerzempfindlichkeit....

Neben Tryptophan ist zur Bildung von Serotonin noch Vitamin B6 notwendig. Bei Verdacht auf Melatoninmangel bei Schlafstörungen oder Serotoninmangel bei depressiver Stimmungslage, sollte der Tryptophan-Gehalt im Serum überprüft und bei Bedarf substituiert werden. Die Substitution der Aminosäuren und weiteren Bausteinen ist physiologisch und wird vom Gesamtorganismus besser angenommen. Melatonin hat eine Wirkungsdauer bis zu einer halben Stunde, daher ist eine Tryptophan-Gabe zu bevorzugen. Bei Serotoninmangel ist eine Tryptophan-Substitution, einem Serotonin-Wiederaufnahmehemmer (gehören zu den antidepressiven Psychopharmaka) weit überlegen, weil dieser eine sehr schmale therapeutische Breite besitzt. Das bedeutet, sie werden leicht unter- bzw. überdosiert, was schwerwiegende Folgen haben kann.

Histidin: Die Wirkung von Histidin ist vor allem über sein Abbauprodukt Histamin möglich. Histamin ist ein Neurotransmitter und Gewebshormon und ermöglicht:

- Steigerung der Säuresekretion im Magen
- allergische Reaktionen
- Steigerung der Durchblutung

Histidin wird leicht mit dem Urin über die Niere ausgeschieden. Bei seiner Ausscheidung geht auch Zink verloren, das ersetzt werden sollte.

Nicht-Essentielle Aminosäuren

Cystein ist eine schwefelhaltige Aminosäure, die giftige Schwermetalle binden und ausscheiden kann. Cystein ist an der Regulierung von Immunreaktionen beteiligt, weil sie am Aufbau zahlreicher Proteine teilnimmt. Cystein als Baustein des Glutathions spielt für die antioxidative Kapazität und Entgiftung eine wichtige Rolle.

Achtung: Durch eine längerfristige Cystein-Einnahme werden wichtige Spurenelemente und Elektrolyte ausgeschieden.

Dosisempfehlung: 300-500 mg L-Cystein oder N-Acetyl-Cystein täglich.

Glycin: kann sowohl als erregender als auch als hemmender Neurotransmitter wirken.

Weitere Funktionen von Glycin:

- Regulation von Entzündungsmediatoren
- Synthese von Glutathion
- Synthese von Gallensäure
- Purinbiosynthese
- Kreatinsynthese

Glutamin: Glutamin hat durch seine Beteiligung an der Bildung der Gamma-Amino-Buttersäure (GABA) eine regulierende Wirkung im zentralen Nervensystem. Im Gegensatz zu Glutaminsäure und GABA kann Glutamin die Blut-Hirn-Schranke gut passieren und in Glutaminsäure oder GABA verwandelt werden. Weitere Funktionen des Glutamins:

- Energieversorgung von Dünndarmzellen
- wird erfolgreich gegen erhöhte Darmdurchlässigkeit eingesetzt (s. Kap. 3.4.).
- als Bestandteil von Glutathion
- Regulierung des Säure-Basen-Haushaltes
- Stimulation des Immunsystems
- Entgiftung des Gehirns von Ammoniak

Darüber hinaus kann Glutamin im Gehirn in Glutaminsäure und/oder in Gamma-Amino-Butyl-Säure (GABA) umgewandelt werden.

Bei unkontrollierter Einnahme oder in hoher Dosierung kann es zu Schlafstörungen und/oder manischer Stimmungslage sowie einem Hyperaktivitätssyndrom führen.

Glutaminsäure ist ein exzitatorischer Neurotransmitter im zentralen Nervensystem und wird seit Jahrzehnten bei Konzentrations- und Gedächtnisstörungen eingesetzt. Grundlage hierfür ist die Tatsache, dass Glutaminsäure in das Phänomen der Langzeitpotenzierung integriert ist, die in enger Beziehung zu komplizierten Gedächtnis- und Lernprozessen steht. In einer multizentrischen Doppelblindstudie an Patienten mit Lernstörungen haben Hoffman et al., 1993 die zerebrale Leistungssteigerung durch Substitution mit Glutaminsäure nachgewiesen. Bei Mangel an Glutaminsäure wurden Symptome wie Konzentrationsstörungen, Vergesslichkeit, Nervosität und schnelles Ermüden beobachtet.

Achtung: Kontraindikationen sind starke Affektstörungen, Magengeschwüre und zerebrale Ischämien (Durchblutungsstörungen).

Tyrosin: wird aus Phenylalanin gebildet und ist an der Bildung der Neurotransmitter Dopamin, Noradrenalin und Adrenalin beteiligt. Tyrosin wird in der Therapie von Depressionen und Parkinson eingesetzt.

GABA: Gamma-Amino-Butyl-Säure ist eine nicht-essentielle und in ihrer Wirkung beruhigende Aminosäure. GABA ist ein sehr wichtiger inhibitorischer Neurotransmitter und damit ein Schutzfaktor gegen Reizüberflutungen. Es wird bei Patienten mit Lähmungen, mentaler Retardierung sowie bei Epileptikern und Autisten therapeutisch eingesetzt, kann aber die Blut-Hirn-Schranke nur sehr schwach passieren.

Nichtproteinogene Aminosäuren

Taurin: ist eine aminosäureähnliche Verbindung, ein Aminosäurederivat, das beim Abbau von Cystein und Methionin entsteht. Taurin spielt, außer einer starken antioxidativen Wirkung, eine bedeutende Rolle hinsichtlich der Funktion des zentralen Nervensystems. Die Entwicklung des Zentralnervensystems und die Regulation der Signalübertragung sind ein Teil der Aufgaben von Taurin. Es stimuliert den Influx und die Membranbindung von Kalzium. Der Aufrechterhaltung der intrazellulären Kalzium-Homoostase kommt letztlich ein neuroprotektiver Effekt zugute. Die vermehrte intrazelluläre Aufnahme von Kalzium im Rahmen einer gestörten Kalzium-Homoostase kann zu neuralen Schäden führen.

Der Mangel am Enzym Sulfit-Oxidase und/oder eine erhöhte Glutaminsäure zählen zu den möglichen Ursachen eines erhöhten Taurinspiegels.

Asparginsäure: Es wird überdurchschnittlich häufig ein Mangel bei Autisten beobachtet (eigene Praxisstatistik). Asparginsäure spielt eine wichtige Rolle bei der Bildung von Neurotransmittern und peripherer sowie zentraler Nervenzellen.

Kreatin ist eine körpereigene Verbindung aus Arginin, Methionin und Glycin. Ein Defizit des Enzyms Guanidinoacetat-Methyltransferase führt zum Kreatinmangel im Gehirn, was zu psychomotorischer Retardierung, Anfällen und Verhaltensstörungen führen kann.

Carnitin: Trimethylbetain wird als Methylgruppen-Lieferant und als Transportprotein für Acetyl-Gruppen bei einem Teil von Autisten mit gutem Erfolg eingesetzt. Carnitin wurde früher als Vit. T bezeichnet. Weil es aber im Körper hergestellt werden kann, zählt es nicht zu den Vitaminen. Die Bioverfügbarkeit von N-Acety-Carnitin ist besser als Carnitin.

Carnosine: Carnosine ist ein Dipeptid bestehend aus den Aminosäuren Beta-Alanin und L-Histidin. Dr. Michael Chez (USA) hat im Rahmen einer Doppel-Blindstudie an 31 Kindern mit Autismus, täglich 400 mg L-Carnosin verabreicht und soll angeblich gute Ergebnisse erzielt haben. Nach den Berichten von Dr. Chez, hat er über diese Studie hinaus, mehr als tausend Autisten mit L-Carnosine behandelt und bei 80 bis 90 Prozent innerhalb von acht Wochen deutliche Besserungen beobachtet.

10.6. Essentielle Fettsäuren

Vor einer Substitution mit Fettsäuren sollte die Summe der gesättigten und ungesättigten (einfach und mehrfach ungesättigten) Anteile und die Relation der einzelnen Gruppen zueinander untersucht werden. Die Zufuhr der einzelnen Fettsäuregruppen sollte unter Berücksichtigung der Grundkrankheit eine ausgewogene Relation anstreben. Die mehrfach ungesättigten Fettsäuren sind zum größten Teil essentiell und müssen mit der Nahrung zugeführt werden. Sie sind Bausteine der Zellmembranen und werden zur Bildung von einigen Hormonen gebraucht. Außerdem haben sie eine Funktion als Energieträger.

Membranfluidität (Membranviskosität): Ungesättigte FS erhöhen die Beweglichkeit der Zellmembran. Dagegen begünstigt gesättigte FS die Festigkeit der Membran. Eine optimale Zellfunktion ist durch ausgewogene Relation zwischen gesättigten und ungesättigten Fettsäuren zu erreichen. Die ausreichende Beweglichkeit der Zellmembran steht in Zusammenhang mit neuralen Funktionen im Zentralen und Peripheren Nervensystem. Der Einsatzbereich der Substitution von ungesättigten Fettsäuren ist u. a. die Therapie aber auch die Prävention von neurodegenerativen Erkrankungen.

Omega 3 Fettsäuren (Fs): gehören zu den mehrfach ungesättigten Fs und setzen sich aus Eicosapentoensäure (EPA) und Docosahexaensäure (DHA) zusammen. Der menschliche Körper ist in der Lage aus alpha-Linolensäure in geringem Maße EPA und DHA zu synthetisieren. Die Synthese ist u. a. abhängig von Enzymaktivitäten, z. B. des Enzyms Delta-6-Desaturase. Der Hauptanteil muss aber mit der Nahrung aufgenommen werden. Autisten haben sehr häufig einen Mangel an Delta-6-Desaturase und damit einen Mangel an essentiellen Fettsäuren Omega 3 (Bell, J. G. et al.; 2004).

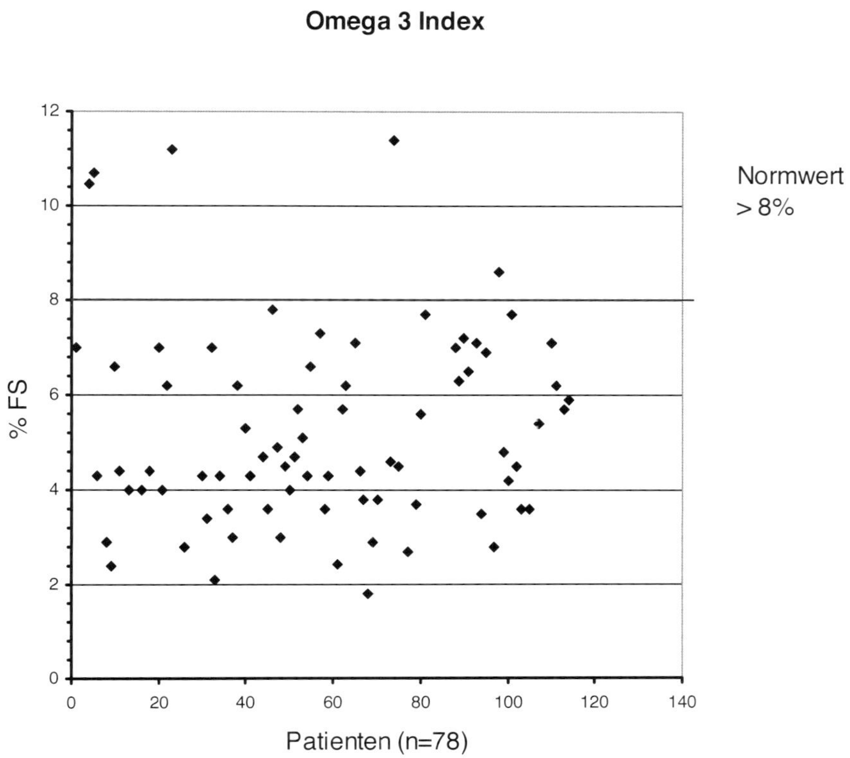

Abb. 20: *Omega 3-Index bei 78 Patienten mit Autismus.*

Der Omega 3-Index im Serum ist der prozentuale Anteil von Omega 3 an den Gesamtfettsäuren. Er ist zur Beurteilung des Omega 3-Bedarfes und der Substitutionsbedürftigkeit, aussagefähiger als die Angaben über die Omega 3-Konzentration, unabhängig vom Gesamtwert. Bei den untersuchten Autisten haben nur 5 von 78 Werte im Normbereich gehabt und über 93% der Untersuchten zeigten Werte unterhalb des Normbereiches Die fünf Kinder mit normalen Ergebnissen bei der Messung des Omega 3-Index´ haben alle vor der Untersuchung Omega 3-Präparate eingenommen und waren vortherapiert. Nicht-vortherapierte Kinder zeigen ausnahmslos den Bedarf an einer Omega 3-Substitution.

Omega 3 Fettsäuren haben als Bestandteil der Nervenzellmembranen eine wichtige Funktion im zentralen- und peripheren Nervensystem. Die positive

Wirkung von Omega 3 Fs auf den Krankheitsverlauf von Kindern mit Autismus oder Hyperaktivität bzw. Aufmerksamkeitsdefizid-Syndrom, sowie bei anderen neurologischen Erkrankungen, wurde durch Studien beobachtet (Peet M. et al 1998 und Stoll et al 1999). Omega 3 Fs wirken entzündungshemmend und werden bei chronisch-entzündlichen Erkrankungen eingesetzt, wie bspw. bei einer chronisch-entzündlichen Darmerkrankung. Das Verhältnis in der Aufnahme von Omega 3 zu Omega 6 sollte 1:5 entsprechen. Diese Erkenntnis führt aber bei manchen Therapeuten und Herstellern von Nahrungsergänzungsmitteln zu dem Irrtum, Orthomolekularpräparate in diesem Verhältnis also 1:5 herstellen zu müssen und zu empfehlen, ohne die heutige Ernährungsweise zu berücksichtigen. Omega 3 und Omega 6 Fs unterscheiden sich nur geringfügig voneinander, benötigen die gleichen Enzyme für ihre Reaktionen und besetzen die gleichen Rezeptoren. Sie verhalten sich wie Konkurrenten und verdrängen einander. Aufgrund unserer Eßgewohnheiten ist die Zufuhr von Omega 6 im Vergleich zur Omega 3-Zufuhr zu hoch. Durch Laboruntersuchungen stelle ich bei einer Mehrzahl von Patienten mit AD(H)S und Autismus ein gestörtes Omega 3 zu Omega 6-Verhältnis zu Gunsten von Omega 6 fest, so dass die Substitution von Omega 6 in Form von Kombipräparaten nicht sinnvoll erscheint. In aller Regel ist nach einer Substitution von Omega 3, und der Wiederherstellung des natürlichen Verhältnisses, ein positiver Verlauf zu beobachten. Konzentration und Ausdauer nehmen zu, die Hyperaktivität nimmt ab. Richardson und Montgomery haben in der Oxford-Durham-Studie (2005) 117 Schulkinder mit Lern- und Verhaltensstörungen mit einem Präparat mit hohem Anteil an Omega 3 behandelt, die Ergebnisse dokumentiert und eine signifikante Verbesserung bei der Kontrolluntersuchung nach drei Monaten erreicht.

11. Pflanzliche Arzneimittel

Stoffwechselaktivitäten von Autisten unterscheiden sich in vieler Hinsicht, wie in den letzten Seiten anhand einiger Beispiele dargestellt wurde, von Gesunden auch hinsichtlich der Verstoffwechselung mancher Medikamente und dadurch in der Wirkung und den Nebenwirkungen.

Es wird hier versucht einige Heilpflanzen und deren symptomorientierten Einsatz kurz vorzustellen. Bei Fertigpräparaten sollte bei Patienten mit Eliminationsdiäten wie z. B. gluten -und/oder kaseinfreier Diät unbedingt auf Begleitstoffe geachtet werden.

Erkältungskrankheiten: Die negative Wirkung von Antibiotika auf die Darmflora und dadurch bedingte Folgen, verleiten manche Eltern dazu, den Besuch beim Kinderarzt zu vermeiden, weil sie eine voreilige Antibiotikumgabe befürchten. Etwa 90% aller Infektionen der oberen Luftwege und Hals-Nasen-Ohr- und Rachen-Infektionen sind virusbedingt. Aufgrund einer Virusinfektion ist die Schleimhaut anfälliger für eine bakterielle Superinfektion. Bei einer rechtzeitigen Behandlung der Schleimhautentzündung kann einer Antibiotikagabe vorgebeugt werden. **Pelargonium sidoides** besteht aus Cumarinderivate, Flavan, Flavonoide, Gerbstoff und Phytosterole und ist unter dem Handelsnamen **Umckaloabo** aus der Apotheke erhältlich. Umckaloabo wirkt antibakteriell, antiviral, immunstimulierend und erhöht die Sekretomotorik des Flimmerepithels der Schleimhaut. Außerdem wird durch eine erhöhte Interferonproduktion die Immunabwehr verstärkt.

Myrtol wirkt antibakeriell, antimykotisch und antiviral, entzündungshemmend, antioxidativ, sekretolytisch und erhöht sekretomotorisch.

Aus fünf Heilpflanzen, Holunderblüten, Enzianwurzel, Garten-Ampherkraut, Schlüsselblumenblüten mit Kelch und Eisenkraut wurde ein Präparat hergestellt mit dem Handelsnamen **Sinupret**, das antiviral, mukolytisch, sekretolytisch (schleimlösend) und entzündungshemmend wirkt.

Bei trockenem Reizhusten sind neben der klassischen Therapie mit Acetylcystein, das wegen seines Schwefelanteils auch entgiftend wirkt, folgende pflanzliche Mittel als hustenstillend zu empfehlen:

Malvenblätter und -blüten, Eibischwurzel und -blätter, Huflattichblätter, Spitzwegerichkraut, Isländisch Moos und Wollblumen. Sie werden feingeschnitten, einzeln als Tee (etwa 5-10 min. ziehen lassen) zubreitet, von dem mehrmals täglich eine Tasse getrunken werden sollte. Eibischwurzel und -blätter sollte man länger, ca. 1,5 bis 2 Stunden stehen lassen. Es gibt einige Fertigpräparate aus der Apotheke, bei denen allerdings noch auf Begleit- und Konservierungsstoffe geachtet werden sollte.

Bei Erkältungskrankheiten mit Schnupfen und Fieber sowie zu Schwitzkuren können folgende Rezepte hilfreich sein:

Von einer Mischung aus 10 g Hagebuttenfrüchte, 10 g Mädesüßblüten, 20 g Lindenblüten und 20 g Holunderblüten, **oder** 30 g Lindenblüten, 10 g Mädesüßblüten, 30 g Weidenrinde, 10 g Kamillenblüten und 10 g Pomeranzenschalen je einen Teelöffel in heißem Wasser ziehen lassen und mehrmals eine Tasse trinken. Hierzu kann man noch viele andere Rezepte nach individuellem Bedarf und Geschmack empfehlen, die aber hier zu weit führen.

Nervosität, Unruhe und Schlafstörungen sind häufige Symptome, die den Alltag von Autisten und deren Familien prägen. Patienten, die unter diesen Beschwerden leiden, sind in aller Regel, schnell reizbar, unkonzentriert und wenig belastbar. Die Eltern und Betreuer sind meistens mit der Arbeit überfordert. In vielen Fällen greift man dann zu Beruhigungsmitteln, die sich aber negativ auf die Lernfähigkeit und Aufmerksamkeit auswirken. Nebenwirkungen, die sich nachhaltig auch am nächsten Tag bemerkbar machen. Die Heilpflanzen wirken regulierend und die Nebenwirkungen sind, wenn sie überhaupt auftreten, bedeutend besser zu tolerieren. Ein weiterer Vorteil ist das Fehlen von Sucht- und Abhängigkeitspotentialen.

Baldrianwurzel (Valerianae radix) ist wissenschaftlich, ausführlich untersucht und folgende Wirkungen sind nachgewiesen worden: Baldrian wirkt sedierend, beruhigend, antikonvulsiv (gegen Krämpfe und epileptische Anfälle), verkürzt die Einschlafzeit und verbessert die Schlafqualität. Bei den Fertigpräparaten unterscheidet sich zum Teil die Wirkung der wässrig-alkoholischen Extrakte von lipophilen Fraktionen. Baldrian wirkt auf Dopaminrezeptoren, GABA-Rezeptoren, Melatoninrezeptoren sowie auf Adenosin-1-Rezeptoren. Der einzige Nachteil im Vergleich zu chemisch definierten Beruhigungsmitteln ist der verzögerte Wirkungseintritt, erst nach Tagen oder manchmal Wochen. Folgende Rezepte sind empfehlenswert:

Hopfenzapfen, Melissenblätter und Baldrianwurzel jeweils 30 g, oder

Hopfenzapfen, Passionsblumenkraut und Baldrian jeweils 30 g mischen und einen Teelöffel in etwa 150 ml heißem Wasser etwa 8 min. ziehen lassen. Bei Bedarf am Tag und eine Stunde vor dem Schlafengehen eine Tasse trinken.

Bei depressiver Grundstimmung, Melissenblätter und Johanniskraut jeweils 10-15g mit 30 g Passionsblumenkraut und 30 g Lavendelblüten wie oben beschrieben zubereiten und trinken.

Kava-Kava-Wurzelstock kann eingesetzt werden gegen Angstzustände, nervöse Unruhe, gegen Krämpfe und Krampfanfälle sowie als Schmerzmittel

Auch gegen **Depressive Verstimmungen** ist ein Kraut gewachsen und zwar das Johanniskraut. Es hemmt die Wiederaufnahme von Serotonin, Noradrenalin und Dopamin an den Nervensynapsen und erhöht deren Konzentration in den Synapsenspalten. Außerdem wirkt es hemmend an GABA-A, GABA-B und glutaminergen Rezeptoren. Eine Überstimulation der glutaminergen Rezeptoren ist ein bekanntes Problem bei Autisten.

Eine andere Pflanze, die hier erwähnt werden muss, ist die **Ginkgo biloba** mit folgenden nachgewiesenen Wirkungen: Verbesserung von Kurz- und Langzeitgedächtnis, Verbesserung der Mikrozirkulation des Blutes, erhöhte Sauerstoffaufnahme auch im Gehirn, antioxidative Wirkung, Förderung der

Cholinaufnahme in den Hippocampus, Zellschutz vor Betha-Amyloid und Steigerung der mentalen Leistungsfähigkeit.

Chronisches Ekzem und N**eurodermitis** wird bei Autisten und bei Patienten mit AD(H)D überdurchschnittlich im Vergleich zur Normalbevölkerung beobachtet. Als Alternative zur Kortisonsalbe sind folgende Maßnahmen empfehlenswert und erprobt.

Zum Einnehmen:
Nachtkerzenöl 2 x 2-3 Kps. täglich: z. B. Gammacur Kps. oder Neobonsen Kps.

Zum Einreiben:
Bittersüßstengel z. B. Cefabene Salbe.

Umschläge:
z. B. mit Kamillenblüten, Ringelblumenblüten und Stiefmütterchenkraut je 5 bis 10 g in 1 Liter Wasser.

Vollbad:
Rp. 1:
Stramentum Avenae 300 g mit 2 Liter Wasser 30 Min. kochen, nach Abseihen dem Badewasser zugeben, Badetemperatur 35° C Badedauer etwa 15-20 Min..

Rp. 2:
Fol. Juglandi 200 g für Umschläge 5-6 Teelöffel in 200 ml Wasser, kurz aufkochen, abseihen. (500 g Blätter für die Bereitung eines Vollbades).

Weitere Bäder:
Aus Kamille, z. B. Kamillosan Lsg.
Aus Hamamelis, z. B. Hamamelis Salbe N LAW oder Hametum Creme Spitzner.
Aus Calendula, z. B. Calendumed Creme.

Im Kapitel gastrointestinale Abnormalitäten bei Autismus und AD(H)D wurde ausführlich die Verdauungsproblematik dargestellt, die sich in vielen Fällen durch Diäten sehr gut bis zufriedenstellend behandeln lässt. In machen Fällen bleiben aber einige Symptome, die noch, zumindest in der Anfangszeit symptomatisch therapiert werden sollten, wie bspw. Obstipation (Verstopfung) oder Diarrhoe (Durchfall).

Durchfall: Neben einer Diät bei Nahrungsmittelunverträglichkeiten, probiotischen Behandlungen und evtl. Enzymtherapien sind folgende Kräuter zur Symptombehandlung unter Berücksichtigung der altersabhängigen Tagesdosis zu empfehlen: Heidelbeeren, Tormentillenwurzelstock, oder Mennigkraut, Frauenmantelkraut, Uzarawurzel und Kaffeekohle. Bei krampfartigen Durchfällen hat sich eine Mischung aus Tormentillenwurzelstock, Angelikawurzel und Pfefferminzenblätter als Tee zubereitet gut bewährt. Das Einreiben mit erwärmtem Olivenöl um den Bauchnabel kann innerhalb von einer Minute Wunder wirken.

Obstipation: Chronische Verstopfungen belasten den Entgiftungsmechanismus, vor allem den der Leber und sind behandlungsbedürftig. Bifidobakterien als Probiotikum reichen bis auf wenige Ausnahmen aus. Nach Ausschluss organischer Ursachen können geschrotete oder zerkleinerte, vorher in Wasser eingeweichte, Lein- oder Flohsamen, mit viel Flüssigkeit eingenommen, gut und hilfreich sein.

Auch in anderen Bereichen, wie z. B. in der Schmerztherapie, Ausleitungs- und Entgiftungstherapie gibt es wirkungsstarke, gut verträgliche pflanzliche Mittel, deren detaillierte Beschreibung den Rahmen dieses Artikels sprengen würde.

12. Schlusswort

Jeder neue Weg ist mit neuen Hoffnungen verbunden. Jede neue Hoffnung kann aber in Enttäuschung enden. Mein Ziel ist es Mut zu machen, aber keine falschen Hoffnungen zu wecken. Ich bin in meiner Arbeit noch nicht da, wo ich hin möchte, aber auf dem richtigen Weg und in die richtige Richtung. Es ist mir bewusst, dass man, wenn man den Kopf aus der Masse hebt, mit Kritik rechnen muss. Aber wo wäre die Wissenschaft nur mit Ja-Sagern?

Autismus ist eine multifaktorielle Erkrankung und bedarf einer mehrseitigen Behandlung.

Wie vorab anhand vieler Laboruntersuchungen dargestellt, existieren trotz mancher Unterschiede viele Parallelen, bei einigen hier beispielsweise aufgeführten Parametern. Diese Auffälligkeiten der Laborparameter möchte ich keinesfalls als Ursache für das Autistische Syndrom interpretieren. Sie sollen aber Eltern, Therapeuten und Ärzte zum Nachdenken auffordern.

Die Abnormalitäten der Laborparameter und Ausprägung des Krankheitsbildes bzw. der Schweregrad der Symptomatik korrelieren sehr deutlich miteinander. Immer dann, wenn es mir gelingt, durch Substitution von Präparaten, Defizite und Mängel zu beheben, parallel zur Verbesserung im Bereich Laborbefunde, bessert sich auch die Krankheitssymptomatik.

Durch effektive, wenn auch hier im Lande nicht etablierte, Behandlungsmethoden könnten die Lebensqualität der Patienten erhöht und gleichzeitig die Kosten der medizinischen Betreuung reduziert werden. Geht man von Erhebungen in Großbritannien aus, kostete jeder Autist bisher im Laufe seines Lebens umgerechnet 3 bis 4 Mio. Euro. Ich meine, jeder Kostenträger sollte diese Zahlen bei der Entscheidung über eine Finanzierung einer effektiven Behandlung berücksichtigen.

Die Autismustherapie basiert auf drei Hauptsäulen: der „Bio"Medizin, deren Grundprinzipien hier vorgestellt wurden, der sensorischen/sensomotorischen Integration, der Verhaltenstherapie und wenn erforderlich der Anpassung und

Strukturierung des Umfeldes sowie der Abläufe des Alltages. Auch ich verfüge über kein Wunderrezept. Man muss deshalb jeweils erfolgreiche Konzepte individuell modifizieren.

Die biomedizinische Behandlung ist kein Ersatz für konventionelle verhaltenstherapeutische Maßnahmen (im allgemeinen Sinne). Im Gegenteil, erst bei Ansprechen auf biomedizinische Behandlungen sind die Betroffenen wie nie zuvor lernfähig und -willig und sie haben einen großen Nachholbedarf. Nach Beginn einer erfolgreichen biomedizinischen Behandlung haben die Betreuer, Verhaltenstherapeuten, Stützer und natürlich die Eltern wieder Spaß an der Arbeit und können sich über ihren Erfolg freuen, was für die gegenseitige Motivation sehr von Vorteil ist und immer wieder anspornt, weiter zu machen.

13. Elternberichte:

Für den Schluss habe ich einige Fallbeispiele über die Auswirkung von biomedizinischen Behandlungen auf das Autistische Syndrom sowie einige sehr fröhliche Elternberichte vorbereitet. Ich denke aber, ausgewählte Fallbeispiele sind, wie nicht direkt ausgesprochene Versprechungen. Die Eltern suchen Ihre Kinder in den Beispielen und hoffen natürlich, dass diese die gleichen Fortschritte in der gleichen Zeit erzielen, wie im Buch beschrieben. Dabei können sie sich und ihre Kinder unter Druck setzen. Erfolgreiche Fallbeispiele können Mut machen, aber auch frustrieren. Aufgrund dieser Überlegung hätte ich fast von deren Vorstellung abgesehen. Einerseits empfand ich es als wichtig, dass die Therapieerfolge Namen und Gesichter bekommen und sich die vielversprechende Theorie als realisierbar darstellt. Anderseits fand ich „Versprechungen" unfair. Letztendlich habe ich nur Berichte, die die große Mehrheit wiederspiegeln und repräsentieren, zugelassen und Fälle mit extremen Erfolgen innerhalb kurzer Zeit zurückgehalten. Auch dann fiel die Entscheidung, welche Berichte ausgewählt werden nicht leicht.

Alle folgenden Berichte wurden über Patienten aus dem autistischen Spektrum, die in meiner Praxis in Behandlung sind, von den Eltern geschrieben. Den Eltern wurde freigestellt, in wieweit die Personaldaten verändert und dadurch die Identität der Kinder unerkennbar gemacht werden. An manchen Stellen habe ich die Berichte aus Platzmangel aber inhaltsgetreu gekürzt.

Nils Bäumker, 4 Jahre

Diagnose: tiefgreifende Entwicklungsstörung / frühkindlicher Autismus

Wir sind seit Oktober 2005 mit unserem Sohn Nils in biomedizinischer Behandlung.

Nils macht stetig kleine Fortschritte. Natürlich führen wir noch andere Therapien durch, z. B. ABA/VB, so dass es sich nicht immer sagen lässt, welche Therapie welchen Erfolg gebracht hat. Dass Nils angefangen hat zu sprechen, verdanken wir auf jeden Fall Dr. Faraji, denn die Sprache kam erst mit der Biomedizin. Nils ist ein sehr glückliches und fröhliches Kind. Auch daran hat die Biomedizin ihren Anteil. Wegen einer länger andauernden Erkältung habe ich Nils die Biomedizin über einen längeren Zeitraum nicht gegeben, mit dem Ergebnis, dass er, obwohl es ihm gesundheitlich besser ging, immer unzufriedener und auch aggressiver wurde.

Urinpeptide wurden im Great Plains Laboratory Inc. untersucht, mit dem Ergebnis, dass sowohl Kasomorphin (Milch) als auch Gliadorphin (Weizen) ein abnormales Verhältnis aufweisen. Deshalb führen wir eine gluten-und kaseinfreie Diät ein. Ich schreibe deshalb in der Gegenwart, weil wir immer noch dabei sind diese Diät schrittweise einzuführen.

Nils hat Eßgewohnheiten, die sich nur sehr schwer ändern lassen. Mittlerweile backe ich Brot selber, welches er jetzt seit wenigen Tagen akzeptiert. Kekse und Kuchen klappen schon sehr viel länger. Für seine heißgeliebten Rosinenbrötchen habe ich noch kein gluten- und milchfreies Äquivalent gefunden. ......

Ich denke erst die absolut konsequente Diät bringt Erfolg.

(Mutter von Nils)

****

Steffen Helge Maltzahn, 6 Jahre

Diagnose: Frühkindlicher Autismus, Entwicklungsverzögerung

Unser Sohn, Steffen Helge, wurde aufgrund seiner kontinuierlichen Entwicklungsverzögerung mit 3 Jahren dem SPZ Hannover vorgestellt und als Autist eingestuft.

Im Dezember 2005 begannen wir in Zusammenarbeit mit dem Kindergarten, eine Milch- und Glutenfreie Diät, die nach den Blut-, Stuhl- und Urinuntersuchungen von Dr. Faraji, anfangs auch bestimmte andere Nahrungsmittel, wie Bananen und Mandeln ausschloss.

Vor der Diät bereiteten uns besonders Steffens Hyperaktivität, seine Stereotypien, seine Panikattacken und sein „Berauschtsein" (z.B. kreischendes Lachen mit auf dem Boden wälzen) Probleme. Auch hatte er überwiegend sehr breiigen Stuhlgang, zeigte kaum Sprachverständnis und befolgte kaum Anweisungen. Die wenigen Anweisungen, die er zu begreifen schien, waren z.B. „mach die Tür zu" und „heb das auf". Er befolgte sie- wenn überhaupt- nur nach einigem Zögern.

Nach ca. 1,5 Monate unter der Diät zeigten sich erste Erfolge: Sein Stuhlgang wurde fester und sein Appetit nahm stark zu. Seine „Konzentration" verbesserte sich stark, besonders die Sprachtherapeutin war begeistert über seine „Ansprechbarkeit". Er war wesentlich „präsenter" und befolgte immer mehr Anweisungen schneller und erfolgreich. Das Auftreten von „Berauschtsein" und seine Hyperaktivität verringerten sich nach ca. 1 Jahr Diät, gefördert unter dem Verhaltenstraining ABA/VB. Seine Ängste nahmen stark ab, da er neue Situationen jetzt überschauen konnte.

Zubereitung und Verzehr der Diät-Speisen ist unproblematisch. Der Kindergarten engagiert sich sehr. In unserer sechsköpfigen Familie ernährt sich der Rest „normal"........

Das Auftreten in der Öffentlichkeit ist mit dem Diätanspruch anstrengender geworden und mitunter ist das ein Grund, doch nicht gemeinsam zu einer Feier o.ä. zu gehen.

Insgesamt meinen wir, dass die Diät eine entscheidende Grundlage für Steffens Verhaltenstraining geschaffen hat und unsere Situation dadurch sehr verbessert wurde. (Mutter von Steffen)

Aline Klapproth, geb. 31.08.1997

Diagnosen:

- -Frühkindlicher Autismus
- -Operativ behobener Vorhofseptumdefekt
- -Schwerhörigkeit links mit 1,5 Jahren für $\frac{1}{2}$ Jahr Hörgerät
- -Leichte Sehschwäche (Weitsichtig) z.Zt. keine Brille nötig

Auslösbarer Mororeflex in starker Form noch mit 9 Jahren, normalerweise wird der Mororeflex im dritten Lebensmonat abgelöst, außerdem ein stark fortbestehender tonischer Labyrinthreflex, somit hat die Aufrichtung der Wirbelsäule im Halsbereich noch nicht stattgefunden, wahrscheinlich deshalb die erheblichen motorischen Probleme, z.Zt. machen wir eine entsprechende Therapie

Urinpeptide:

ELN, NL v. 31.07.2001

Casomorphine 191 (<50) Gliadorphine 16 (<50)

Great Plains v. 14.11.2001

Casomorphin 203 ng/ml, deutlich erhöht

Gliadorphin 23 ng/ml , im Normbereich

Diät:

Ab 6.8.01 schrittweiser Übergang auf glutenfreies Essen

Sofortige Veränderung: statt Karnickelknickel, weicher Stuhlgang

Obwohl sie ja gar keine Glutenunverträglichkeit hat, aber wohl eine Nahrungsmittelallergie.

Ab 20.08.01 schrittweiser Übergang auch auf kaseinfreies Essen.

Veränderung: Stuhlgang wird noch weicher, zu weich, ungeformt

Ab 03.09.01 schrittweiser Übergang auf zuckerfreies Essen wg. extremem Pilzbefall.

Ab 10.09.01 Einführung von Nahrungsergänzungsmitteln v. 17.9. - 22.9.01 Fortschritte, mehr Blickkontakt, Anlächeln, versucht nachzusprechen

........Da sie eine Kaseinunverträglichkeit hat, will ich da auch keine Provokationstests machen, bei Gluten haben wir mal probiert, ihr etwas Roggen oder Weizen zu geben, es zeigte sich mehrmals, durch Durchfall und starke Stimmungsschwankungen, dass sie es nicht verträgt, deshalb wird sie weiterhin gluten- und kaseinfrei

ernährt......Abgesehen von der Mehrarbeit hat sich ihr Verhalten in den letzten Jahren sehr gebessert, wobei man nicht sagen kann, ob es durch die Diät oder durch die Ergänzungsmittel gekommen ist oder von beidem. Aber das hat das Familienleben natürlich sehr erleichtert.
Außerhalb des Hauses ist die Einhaltung sehr schwierig, für das Kochen in der Schule kocht die Schulassistenz mit ihr immer alternative Mahlzeiten, ansonsten gebe ich Brot, Aufstrich, Mittagessen etc. bei Übernachtungen bei Großeltern immer mit. Im Restaurant sagen wir was sie nicht darf und sie bekommt zusätzlich Enzyme. Wenn wir in den Urlaub fahren, backe ich das Brot in Gläser und nehme es mit...
Andere biomedizinische erfolgreiche Maßnahmen:
Die Bekämpfung des Darmpilzes, die Bekämpfung der massenhaften schlechten Bakterien „DHPPA-Analog" durch LGG, also der Aufbau des Darms. Seitdem der Darm so ziemlich im Lot ist, gibt es kaum noch autoaggressives Verhalten. Insgesamt geht es ihr seit der Diät und der Ergänzungsmittel besser und sie ist aufnahmefähiger in der Therapie und macht Fortschritte. Sie ist mehr in unserer Welt, fröhlicher, aktiver, lebendiger! Wenn es ihr körperlich nicht so gut geht, dann merkt man es sofort im Alltag und in der Therapie. Die Biomedizin ist Voraussetzung für eine erfolgreiche Therapie.

****

Dominik aus München, geb. Dez. 2002

Diagnosen:

Kombinierte multiple Entwicklungsstörung vor allem

- Sprachentwicklungsstörung
- Autistische Züge
- Konstitutionelle Bindegewebesschwäche
- Fehlsichtigkeit des linken Auges

Peptide (Casomorphine) und Gluteomorphine wurden im Dezember 2005 in deutlichen Konzentrationen gefunden.

Seit Dezember 2005 führen wir bei Dominik eine gluten und caseinfreie Diät durch.

Die ersten zwei Wochen waren extrem hart für Dominik und auch für uns Eltern. Seine autistischen Züge traten noch stärker hervor und er war sehr aggressiv. Er schlug den Kopf an die Wand, schlief schlecht und schlug uns und sich selbst. Nach den ersten zwei Wochen beruhigte sich die Situation. Danach konnten wir beobachten, wie Dominik täglich wacher wirkte. Zum ersten Mal nahm er seine Umgebung wahr. So schaute er z.B. zum ersten Mal beim Frühstück aus dem Fenster und registrierte draußen einen Vogel, der auf dem Baum saß. Wir konnten ihm nun auch Fragen stellen, z.B. „Wo ist dein Zimmer (oder die Badewanne, die Waschmaschine, usw.)?" und er hat es uns mit dem Finger gezeigt.

Vor der Diät war Dominik ein sehr schlechter Esser und beschränkte sich hauptsächlich auf Teigwaren und Milchprodukte. Auch dies hat sich mit der Diät extrem gebessert und seither isst er meistens sehr gut. Es ist nun nicht mehr so wichtig für ihn, welche Farbe das Essen hat. Auf einmal wollte er auch Gemüse, Fleisch und vieles andere essen, was er vor der Diät nicht anrührte.

Bis Anfang Januar 2006 hatte er sich so weit verändert, dass seine Montessori-Therapeutin uns fragte, was wir mit ihm über die Weihnachtsfeiertage gemacht hätten.

Seit Ende August 2006.... durch weitere biomedizinische Behandlungen macht er extrem große Fortschritte: er spricht besser (obwohl sich bei ihm die Sprache am schlechtesten entwickelt), er spielt mit anderen Kindern und mit Spielzeugen und er kann sich selbstständig an- und ausziehen. Er sagt, wenn er Pipi muss, versteht

fast alles, was man ihm sagt, und er vollzieht nur noch sehr selten seine repetitiven Handlungen. Seine autistischen Züge sind viel weniger geworden.
Er kennt alle Zahlen und Buchstaben, kann kurze Antworten auf Fragen geben und kann bis zu vier Worte hintereinander sagen. Er spricht jedoch immer noch im Infinitiv und seine Aussprache ist nicht ganz deutlich.
Da es Dominik besser geht, fühlen auch wir uns viel besser und glücklicher.
Er ist deutlich weniger anstrengend und ist nun an manchen Tagen bereits ein richtig liebes Kind. Nur wenn er Fieber hat oder ein Diätfehler passiert, werden seine Züge wieder stärker.
Er hat einen Integrationsplatz im Kindergarten bekommen,.... Im Kindergarten bekommt er das Essen, was er von zu Hause mitbringt. Die Erzieherinnen passen während des Essens auf Dominik auf und das klappt sehr gut. Nur einmal ist ein Fehler passiert und Dominik erwischte eine nicht gluten- und kaseinfreie Wienerwurst von einem anderen Kind. Ein paar Stunden später am Nachmittag, rastete er dann aus. Stundenlang gebärdete er sich wie ein Wilder, schrie das ganze Haus zusammen und rannte wie ein Verrückter herum. Er schlug sich und auch uns und fiel zweimal hin, weil er das Gleichgewicht verlor. Später bekam er dann Durchfall. Sein allgemeiner Zustand verschlechterte sich nach diesem Diätfehler so, dass er wieder auf den Stand zurückfiel, den er vor Beginn .... hatte. Wir haben danach gute drei Wochen gebraucht, bis er wieder auf seinen Stand vor dem Diätfehler zurückkam.

Geschrieben von der Mutter von Dominik, im Februar 2007.

****

Gregor Danne, geboren am 16.03.1995
Diagnosen:
Sozialpädiatrisches Zentrum und Kinderneurologie, Prof. Dr. H. Bode:
(19.05.2000)
Frühkindlicher Autismus

Klinikum der Johann Wolfgang Goehte-Universitaet, Frankfurt am Main, Klinik für Psychiatrie und Psychotherapie des Kindes und Jugendalters, Frau Dr. Schmötzer:
(18.07.2003)
(Auszug): motorische Unruhe, deutliche Entwicklungsrückstände, Verhaltensauffälligkeiten, Frühkindlicher Autismus (ICD-10; F84.0), gravierender Sprachentwicklungsrückstand. Sprachfreier Intelligenztest CPM – Raven zeigt einen IQ von 95. (Anmerkung des Vaters: von einer geistigen Behinderung kann spätestens seit dieser Diagnose keine Rede mehr sein).

Dr. Faraji, Wetzlar, von September 2005 bis heute:
Frühkindlicher Autismus (F84.0), Nahrungsmittelunverträglichkeiten (T78.0), Chronisch-entzündliche Darmerkrankung (K52.9), Dysbiose(K63.8).

Weitere Befunde (u. a.): Gluten/Kasein - Unverträglichkeit durch Nachweis von Peptiden im Urin, Schwermetallbelastung (Quecksilber und Blei), Pankreas - Insuffizienz (zuviel Fett und Eiweiß im Stuhl), Zinkmangel und Magnesiummangel.

Gregors allgemeine Entwicklung:
Gregor kam als erstes Kind von Qing und Hermann Danne am 16.03.05 gegen etwa 6:00 Uhr in der Staatsrat-von-Fetzer Klinik Stuttgart zur Welt. Die Geburt musste wegen des großen Kopfumfanges durch einen Kaiserschnitt beendet werden.
Gregors Entwicklung verlief anfangs normal. Er konnte mit etwa 12 Monaten altersgerecht laufen. Das Krabbeln übersprang er. Seine Früherkennungsuntersuchungen bestand er ohne Probleme, nur Gehör- und Seetests verweigerte er erfolgreich. Sein erstes Wort

im Alter von 9 Monaten war "heiß". Er hatte sich an der Herdplatte die Finger verbrannt. Sein zweites Wort bald darauf war "nein". Die Bedienung der Stereoanlage und des Videorekorders erlernte er auch mit etwa 12 Monaten. Gregor war ein sehr aufgewecktes und motorisch aktives Kind. Das Stillen erkämpfte er sich bis zum 4. Lebensjahr. Auf einen Abstillversuch im Alter von 2.5 Jahren reagierte er sehr heftig und wurde nach einer Weile völlig apathisch. Als er nach etwa fünf Tagen wieder an Mamas Busen durfte, war er das glücklichste Kind der Welt. Heute wissen wir, das waren klassische Entzugserscheinungen. Bis zu seiner GF/CF Diät bestand sein Essen fast nur aus Milch- und Getreideprodukten.
Im Kindergarten .....spielte er allein (Puzzle) und nahm kaum Kontakt zu anderen Kindern auf. Die Erzieherin drängte uns, beim Sonderpädagogik Zentrum in Ulm vorstellig zu werden. Dort gab es im Alter von vier Jahren die erste Diagnose. Bis ich (sein Vater) wusste, was Autismus wirklich ist, war er sechs Jahre alt. Ab diesem Zeitraum las ich die Autismusfachliteratur kilogrammweise. Meinen Sohn Gregor trainierte ich intensiv mit ABA (Applied Behaviour Analysis) nach Lovaas und brachte ihm so das Lesen und Schreiben bei. Sein Wortschatz und sein Sprachverständnis verbesserten sich gewaltig. Seine Unruhe (Hyperaktivität) blieb jedoch. Ebenso seine Konzentrationsprobleme. .....
Die Sinne von Gregor sind gestört: Er hört die Flöhe husten. In einer ruhigen Höhle fühlt er sich richtig wohl. Er sieht zu viel. Zu helles Licht (z.B. direkte Sonne) ist ihm unangenehm. Erst ab dem fünften Lebensjahr kann er riechen. Damals schnüffelte er an allem, was er in die Finger bekam. Kälte macht Gregor wenig aus. Leichte Schmerzen kannte er nicht. Das hat sich später zum Glück normalisiert. Sein Gleichgewichtsempfinden (Balancieren, Klettern usw.) ist sehr gut ausgeprägt. Sein Geschmacksinn bevorzugt stark gewürzte Speisen.

Biomedizinische Ansätze:

Anfangs benutzen wir Schwarzkümmelöl (oral) gegen seine Neurodermitis. Das Mittel half gut, allerdings nur etwas ein Jahr lang, dann nicht mehr. Wir stiegen auf Lebertran um (oral und äußerlich). Lebertran wirkte anfangs auch gut. Nach einer Weile lies

aber auch hier die Wirkung nach. Gegen Gregors Hyperaktivität benutzten wir das Präparat Super-Nu-Thera nach Dr. Rimland mit hohem Anteil an Vitamin B6. Gregor war ein B6 Responder. Seine Hyperaktivität ließ damit spürbar nach. Allerdings zeigte ein Eliminationsversuch nach knapp einem Jahr, das auch hier die Wirkung nachließ, bzw. Gregor mit dem Mittel sogar hyperaktiver war als ohne.
Seit Mitte 2005 ist Gregor in Behandlung bei Dr. Faraji in Wetzlar. Eine Untersuchung der Urinpeptide zeigte erhöhte Werte von Caseomorphinen und Gliadorphinen. Damit war eine Gluten- / Kaseinfreie Diät (CF/GF) Diät indiziert. Diese Diät hatte auch ein nahezu komplettes Abheilen seiner Neurodermitis zu Folge. Zusätzlich bekommt Gregor Vitamine, Mineralien, Zink, Omega Fettsäuren, Antioxidationsmittel, Folsäure, Darmbakterien und Verdauungsenzyme. Eine vorsichtige Schwermetallausleitung senkte seine Quecksilber- und Bleibelastung deutlich. Trotz Substitution zeigt eine Blutuntersuchung einen Mangel an Zink und Magnesium.

Bei einem bewussten Glutenversuch Ende 2006 wurde Gregor nach etwa zwei Stunden sehr zappelig und hatte große Einschlafprobleme. Einige Tage später flammte seine Neurodermitis wieder auf....
Das Einhalten der Diät bringt bei ausreichender Routine keine größeren Schwierigkeiten mit sich. Das Essen für die Schule bekommt er von zu Hause mit. Natürlich müssen die Lehrer auf die Besonderheiten einer GF/CF Diät angelernt sein. Es ist wichtig, alle potentiellen Fallstricke (z.B. Aromen, pflanzliche Öle, Gewürze, etc.) zu kennen und zu vermeiden. Im Urlaub suchen wir uns Apartments aus, die eine Kochgelegenheit haben.

Mit biomedizinischen Ansätzen haben wir keine Wunder erlebt. Wir haben allerdings auch keine erwartet. Insgesamt aber ist Gregor deutlich ruhiger geworden. Er nimmt seine Umgebung besser wahr. Er kann sich besser konzentrieren. Er lernt deutlich schneller. Auf eine Frage bekommt man auch eine Antwort, wenn auch eine andere als erwartet. Er hat immer noch Verstopfung aber bei weitem nicht mehr so stark. Als Eltern bekommt man richtig Lust auf mehr. .....

Marco Kelic, geb. September 1999

Unser Sohn Marco ist 7, 5 Jahre alt. Er ist Autist in frühkindlicher Form. Bei Marco wurde 2005 eine Gluten- und Milchunverträglichkeit festgestellt. Seit Dezember 2005 halten wir Diät. Seitdem, es hat ca. ein $\frac{3}{4}$ Jahr gedauert, ist er weniger aggressiv, reagiert auf Ansprache, drückt sich sprachlich aus, lässt sich schneller beruhigen und vieles mehr.

Das komplette Familienleben hat sich gebessert. Früher hat er ohne ersichtlichen Grund immer wieder seinen jüngeren Bruder geschlagen. Das hält sich heute alles in Grenzen. Auch in der Schule fühlt er sich ganz wohl. Sein gesamtes Wohlbefinden hat sich ins Positive gewendet.

Bei nicht konsequenter Einhaltung der Diät wird Marco aggressiv und viel aufgedrehter, was sich in erhöhtem Bewegungsdrang äußert.

.......Insgesamt können wir sagen, dass sein gesamtes Verhalten seit Beginn der Diät und weiteren biomedizinischen Behandlungen sehr positiv geworden ist.

****

M.U., 8 Jahre alt

Diagnose: Schwere kombinierte umschriebene Entwicklungsstörung mit autistischen Zügen, generalisierte muskuläre Hypotonie und Benigne Partialepilepsi zur Ospolottherapie (Diagnostiziert von Kinder-Neurologisches Zentrum)

Wurden Urinpeptide untersucht, wenn ja mit welchem Ergebnis?

Ja; Das Ergebnis: Kasomorphinwerte waren erhöht und Gliadorphinwerte waren an der Grenze

Diät, Gluten- und /oder Kaseinfrei, seit wann? Seit 2005 machen wir gluten und kaseinfreie Diät.

Diät bedingte Veränderungen beschreiben, soweit beurteilbar.

Seine Aufmerksamkeit, Lernfähigkeit und Aufnahmefähigkeit von Ereignissen haben zugenommen. Überwiegend aufgefallen war uns sein Spracherwerb. Denn zuvor war die Sprache nur in einer echolalie

Form vorhanden. Auch konnte er „Ich „ und „du" nicht begreifen und dem entsprechend auch in der Sprache nicht richtig einsetzen. Nach der Diät hat sich gerade dieses Verhalten deutlich verbessert. Zu gleicher Zeit haben wir mit ihm sehr konsequent mit dem Lern/Verhaltensprogramm ABA/VB .....gearbeitet.

Hat sich Ihr Familienleben seit Diätbeginn verbessert oder erschwert?

Der Anfang der Diät war schwierig vor allem das Organisieren (Kaufen, Zutatenbesorgen und Zubereiten von Essen) und Finden seiner Geschmacksrichtung. Wir haben parallel zu der Diät auch mit biomedizinischen Maßnahmen angefangen (Tabletten einnehmen). Bald danach haben wir Fortschritte in seiner Entwicklung spürbar gesehen, was uns zum Weitermachen der Diät und der biomedizinischen Maßnahmen motivierte. Dadurch hat das Familienleben sich verbessert.

Ist die Einhaltung der Diät außerhalb des Hauses (Schule, Ferien, längere Besuche etc.) problematisch?

Ja. Denn es ist schwierig außerhalb des Hauses immer geeignete Lebensmittel und Essen zu finden.

Was geschieht bei Diätfehlern?

Einnehmen von Enzym-Tabletten

Vor dem Beginn der Diät war sein unangemessenes Lachen ein Problem. Es wurde mit dem Diätbeginn immer weniger. Beim Verletzen der Diät ist dieses unangemessene Verhalten wieder aufgetaucht.

Gab es noch andere biomedizinischen Maßnahmen die geholfen haben?

Biomedizinische Maßnahmen (Nahrungsergänzungsmittel, Mineralien, Vitamine etc.) bekommt er täglich.

****

Katharina Weigl, 18 Jahre

Sehr geehrter Herr Dr. Faraji,

anbei ein möglichst kurzer Erfahrungsbericht über unsere Tochter Katharina:

Katharina (18 Jahre) ist meine älteste Tochter. Die Diagnose „atypischer Autismus" erhielten mein Mann und ich erst nach Behandlungsbeginn bei Dr. Faraji. Zu diesem Zeitpunkt war Katharina bereits 16 Jahre alt.

Dass Katharina nicht der Norm entsprach war allen Ärzten, denen ich Katharina vor dieser Zeit vorstellte klar - aber eine eindeutige exakte Diagnose wurde nicht gestellt, auch die Aussage „schwere geistige Behinderung" passte nicht so recht.

Jahrelang war mir durchaus bewusst, dass ein direkter Zusammenhang zwischen Verhalten und Ernährung bei Katharina besteht.

Zwischen dem 4. und 8. Lebensjahr bekam Katharina gluten- und laktosefreie Nahrungsmittel, da sie extrem an Neurodermitis litt. Im Lauf der Jahre und durch die Geburten ihrer Schwestern - und der damit verbundenen Mehrarbeit für mich - schlich sich der damals strenge Diätrahmen immer mehr aus.

Das Buch „Biologische Heilweisen bei Autismus und PDD" half mir dabei meine Erfahrungswerte in Bezug auf Verhalten und Ernährung in neue Bahnen zu lenken.

In der Folgezeit hielt ich mich exakt an der daraufhin erstellten Nahrungsmittelallergie fest. Katharina wurde im Rotationsprinzip ernährt (ein $\frac{1}{2}$ Jahr hielten wir durch - im Anschluss gluten- und laktosefreie Diät ohne Rotation) und um weitere Ernährungs- und Behandlungsfehler zu vermeiden kontaktierte ich Dr. Faraji. Mit Hilfe der Rotation entlarvten wir immer noch Nahrungsmittel, die lt. Test o. K. waren aber in der Praxis von Katharina nicht vertragen wurden.

Auffälligste Reaktionen bei Diätfehlern ist eine radikale Abnahme der Körperspannung, verbunden mit Inkontinenz (Dauer etwa 3 Tage), auffallendes Verhalten, hochrote Backen, viele Ticks und der Einsatz ihrer sprachlichen Mittel ist stark eingeschränkt - man könnte sagen nicht mehr frei und locker.

Unser Familienleben hat sich innerhalb des engsten Familienkreises aufgrund Katharinas nun umgänglicherer Art erheblich verbessert. Es wurde viel ruhiger im Haus. Die Stimmung ist entspannter.
Unsere Mahlzeiten werden in der Regel für alle Familienmitglieder und auch Besuche gluten- und milchfrei zu bereitet.
Das viel größere Problem mit der Ernährungsumstellung habe ich mit Schulen, Tagesstätten und sonstigen Einrichtungen. Skepsis und Ungläubigkeit herrschen vor.
In einem Teil der Einrichtung, die Katharina besucht, ist man sehr kooperativ. Telefonate und ein Einbinden von Katharinas Diätmaßnahmen bei Parties etc. finden statt.
Der zweite Teil der Einrichtung reagiert genau umgekehrt - mangelhafte Information über Parties etc., keine Hilfestellung für Katharina am Büffet, mangelhafte Aufsicht. Bei diesen Veranstaltungen passieren regelmäßig Diätfehler mit gravierenden Folgen wie oben beschrieben.
Für Urlaubsfahrten haben wir mit Einweckdosen, die mit selbst gemachten Speisen gefüllt sind, eine perfekte Lösung gefunden.
(Auch ideal für Ferienlager etc.)
Trotz vieler Schwierigkeiten im Alltag ist die Ernährungsumstellung, plus Nahrungsergänzungsmittel für Katharina entscheidend gewesen.
Der ganze Mensch Katharina ist jetzt mehr im Gleichgewicht.

Liebe Grüße

Petra und Christian Weigl, Miesbach

****

Nick geb. August 2002

Diagnosen: frühkindlicher Autismus, atopischer Dermatitis

Urinpeptide: ja

USA	Gluten +	Casein -
Leipzig	Gluten ++	Casein ++

Diät: glutenfrei seit März 2006

Seit einem Jahr führen wir eine biomedizinische und verhaltentherapeutische Behandlung mit unserem Sohn durch. Seitdem haben sich seine spontane Sprache, die kognitiven Fähigkeiten sowie auch der Toilettengang sehr gut verbessert. Ebenso seine Kommunikation und das sinnvolle Spielen. Grob und Feinmotorik, Sozialverhalten und das Spiel mit anderen Kindern haben sich gut entwickelt.

Nick hat in jedem Entwicklungsbereich große Fortschritte gemacht. Vor allem ist er, natürlich mit Einschränkungen, führbar geworden. Aber wir denken, dass die Selbständigkeit, die Benutzung der aktiven Sprache und die soziale Kompetenz, die Schlagworte für seine Entwicklung sind.

Was ebenfalls spürbar ist, ist dass die Hautproblematik weniger geworden ist. Innerhalb von ca. 3 Monaten nach Diätbeginn haben wir deutlich bemerkt, dass unser Sohn erheblich weniger am Kratzen ist. Dadurch hat er nun auch mehr Möglichkeiten sich auf die anderen Seiten des Lebens zu konzentrieren.

Was das Familienleben betrifft, ist es am Anfang schwer die Ernährung umzustellen. Es ist dann schon ein erheblicher Zeitaufwand. Wenn man aber alle Ersatzprodukte gefunden hat, ist es gar nicht so schwierig und zeitaufwendig. Im Kindergarten bekommt Nick nur sein Frühstück von zu Hause.

Urlaube außerhalb von Deutschland sind schwieriger durchzuführen.

Bei Diätfehlern beobachten wir sofort, dass Nick sich zu kratzen beginnt (Neurodermitis) und Schlafstörungen auftreten. Noch extremer beobachten wir dann störendes Verhalten und Reizbarkeit.

(Eltern von Nick)

****

Farkas Hetenyi, geb.: Sept. 1996

Farkas ist jetzt zehneinhalb Jahre alt. Die offizielle Diagnose, Frühkindlicher Autismus, erfolgte leider ziemlich spät, mit secheinhalb Jahren. Neben der offiziellen Diagnose und nach Aussage des Psychologen, der ihn seit Jahren kennt, steht er auf der Autismusskala eher zwischen Kanner- und Asperger-Syndrom.

Nach der Geburt hatte mein Sohn starken Milchschorf auf dem ganzen Kopf.

Mit vier Jahren ging er in den Kindergarten. Hier wurden seine Auffälligkeiten letztendlich bemerkt. Er wurde streng ritualisiert, hatte bei den kleinsten Anlässen Wutanfälle und isolierte sich völlig von den anderen Kindern. Er echolallierte stark, sonst sprach er kaum.

Auf die Empfehlung des Kinderarztes bekam er Frühförderung, logopädische Unterstützung und Krankengymnastik.

Mit sieben Jahren wurde er in eine Frühförderschule eingeschult. Ab diesem Zeitpunkt bekam er auch autismusspezifische Einzeltherapie von dem Verein „Hilfe für das autistische Kind".

Über biomedizinische Behandlung gegen Autismus hatte ich das erste Mal im Autismus-Heft gelesen. Der Beitrag von Dr. Faraji hat mich tief beeindruckt. Ich wollt unbedingt diesen Weg ausprobieren. Die ersten Laboruntersuchungen habe ich bei „The Great Plains Laboratory" machen lassen. Es war Ende November 2005. Das Ergebnis: Farkas zeigte starke Reaktionen gegenüber Gluten, Kasein *und bei einer zusätzlichen Blutuntersuchung in der Praxis auch gegen andere Lebensmittel.*

Schon vor dem Absenden der Labormaterialien habe ich begonnen, gluten- und kaseinhaltige Nahrungsmittel langsam aus seiner Ernährung zu eliminieren.

Farkas hat die Umstellung relativ locker genommen. Nur anfangs forderte er die gewohnten Lebensmittel. Dann war er aber auch wieder derjenige, der immer wieder fragte: „Ist etwas drin was ich nicht essen darf?"

Ab und zu nahm er mal eine Tafel weiße Schokolade aus dem Regal und streichelte sie, dann legte er sie zurück. Heute guckt er nicht

mal an, was er essen darf. Er würde nie absichtlich seine Diät unterbrechen. Seine Disziplin ist erstaunlich und lobenswert.
Leider habe ich erst zwei Monate nach Diätbeginn die Urinpeptide untersuchen lassen. Die Werte sind normal, aber weil er schon zwei Monate diätgemäß ernährt wurde, sind diese Werte nicht aussagekräftig. Ich erwäge, evtl. einen Provokationstest machen zu lassen.
Was ist seitdem passiert, was konnte ich feststellen:
Neben strenger Diät bekommt Farkas noch heute alle seine Therapien und geht weiterhin in die Schule, wo er die vierte Klasse besucht. In diesem Jahr haben sich sein Wortschatz und seine Kommunikation enorm verbessert. Das macht sich nicht nur in der Familie und in der Schule, sondern auch bei Fremden bemerkbar. Er ist selbstsicherer geworden, guckt häufiger in fremde Augen und grüßt Menschen. Er spielt gerne mit seinen Freunden. Seine Interessen sind zahlreicher geworden, er blüht richtig auf! Am liebsten wäre er den ganzen Tag unterwegs um Bewegung zu haben. Er hat sogar schon mal geäußert, in einem Verein Sport treiben zu wollen.
Seine schulischen Leistungen sind auch erwähnenswert. Im Rechnen ist er der Klassenbeste. Schreiben und Lesen werden auch immer besser. Vor einem Jahr konnte er kaum lesen und heute schaut er gerne in seine Bücher über Pflanzen und Tiere. Seitdem man mit ihm kommunizieren kann, ist das Familienleben erheblich entspannter geworden. Natürlich gibt es Situationen, in denen seine Behinderung mit all seinen Schwächen zum Vorschein kommt, aber insgesamt ist alles besser geworden.
Um diese Diät einzuhalten braucht man von Elternseite eiserne Disziplin und Kenntnisse. Aber das sieht am Anfang viel schwieriger aus, als es in Wirklichkeit ist.
Auch außerhalb des Hauses macht die Diät keine Probleme. Seine Schule erklärte sich bereit, ihm am Mittag nur das zu geben, was er essen darf, wie bspw. gekochte Kartoffeln, Reis rohes Gemüse. Auf unseren Wunsch hin nur solche Sachen, um evtl. Diätfehler zu vermeiden.

Egal wohin wir gehen, die Diät einzuhalten hat den größten Vorrang. Lieber verzichten wir auf ein Programm, als einen fehler zu machen. Das ist übrigens auch sein persönlicher Wunsch! Innerhalb dieser Zeit haben wir noch keine großen Diätfehler gemacht.
Farkas nimmt noch verschiedene Nahrungsergänzungen und Vitamine. Er wird regelmäßig gestestet und wird je nach Bedarf neu eingestellt.
Ich bin sehr froh, dass ich mich für diesen Weg entschieden habe. Ich empfehle jedem, so früh wie möglich sein Kind testen zu lassen und wenn nötig mit dieser Diät anzufangen. Auch wenn man ab und zu mal gegen den Strom schwimmen muss, man darf sich nicht entmutigen lassen!
Ich danke der Schule und allen Therapeuten für ihre bisherigen Leistungen. Ich halte alle herkömmlichen Maßnahmen für sehr nötig und wertvoll, ohne die mein Sohn nicht da wäre wo er jetzt ist. Und besonders herzlichen Dank an Herrn Dr. Faraji, bei dem mein Sohn seit einem Jahr in Behandlung ist.

****

Unsere Geschichte: von einem schwer behinderten 3 Jährigen zu einem sehr zufriedenen und wohl angepassten 8 Jährigen!

Als Tim 3 Jahre und 8 Monate alt war wurde er mit frühkindlicher Autismus diagnostiziert. Er hatte keine Sprache und verstand auch nichts von dem was er hörte. Seine Wutanfälle waren häufig und unser Leben war sehr schwierig. In seinen ersten Entwicklungstests, die wir damals machten, wurde sein Entwicklungsstand als ein 1 Jahre und 5 Monate Alter eingestuft - in einigen Bereichen auch viel niedriger - also ein Entwicklungsrückstand von über 2 Jahren.
Heute, fast fünf Jahre später, ist Tim ein sehr zufriedener Junge. Er besucht die zweite Klasse einer Regelschule und er liebt die Schule. Seine Sprache ist fließend, er liebt es, Geschichten zu erzählen und im Lesen ist er der beste in seiner Klasse. Wenn er von

der Schule kommt hat er immer etwas Neues zu erzählen! Es hört sich vielleicht an wie ein Wunder, nur ein Wunder verlangt nicht so sehr, sehr viel harte Arbeit.

In den Monaten bevor wir die Diagnose bekamen, hatten wir schon eine Menge von Autismus und möglichen Therapien gelesen. Die zwei wichtigsten Maßnahmen haben wir fast gleichzeitig angefangen. Die ABA Therapie fing schon im Monat vor der Diagnose an (wir waren recht sicher auf die Diagnostik, und die Wartezeit für ABA Supervision war kürzer als für Diagnostik!)........
Wir sagen oft, dass durch ABA Tim fast alles gelernt hat, aber nur nach den biomedizinischen Interventionen wurden seine Gedanken so klar, dass er in der Lage war gut zu lernen.
Einen Monat nach der Diagnose fingen wir die erste biomedizinische Intervention, die gluten- und kaseinfreie Diät, an. Dr. Karl Reichelt in Oslo hat für uns den Peptid Test durchgeführt und er hat sehr hohe Werte für Gluten und Kasein gezeigt. Gleichzeitig hatten wir auch einen Test für Zöliakie gemacht, der negativ ausfiel.
Wir haben zunächst Milch aus seiner Diät entfernt. Dann haben wir auch Gluten entfernt und haben deutliche Verbesserungen in Tim's Lernfähigkeit gesehen. Wir haben auch alle Zusatzstoffe vermieden, die Spuren von Gluten oder Kasein enthalten könnten oder von denen bekannt ist, dass sie zu Hyperaktivität führen können. Dadurch haben wir die Lebensmitteletiketten sehr sorgfältig lesen müssen, und haben schlussendlich immer weniger fertige Erzeugnisse benutzt.
Später haben wir auch Soja von seiner Diät entfernt und noch später auch Mais. Für die Soja und Mais- Unverträglichkeit gibt es keine Tests, und wir haben uns auf die Verbesserungen verlassen, die wir durch die Entfernung dieser Produkte aus seiner Diät sahen.....
Nach und nach haben wir auch verstanden, dass Tim weitere Nahrungsmittelallergien hatte, und auch Allergien gegen Hausstaub und Pollen. Wir haben dafür Tests gemacht und seine Diät und auch die häusliche Umwelt angepasst. Am schwierigsten war dabei die Allergie gegen Eier, wodurch das Backen noch schwieriger wurde. Tim hat auch Asthma. In der Vergangenheit hat er auch Ekzem über

große Teile des Körpers. Das hat sich allerdings nach Einführung der Diät sehr verbessert, aber wir sehen immer noch ein bisschen Ekzem, vor allem wenn er etwas isst was er nicht verträgt, wie Eier oder Hasselnüsse. Wir haben aber durch Tests erfahren, dass er eine schlechte Aufnahme von Vitaminen, Mineralien und Fettsäuren hat. Er nimmt deswegen diese als Kapseln täglich und bekommt auch Enzyme.

Viele Eltern wundern sich, wie ein Kind mit so einer begrenzten Diät klarkommt. Nach unserer Erfahrung ist es mehr ein Problem für die Eltern, die das Essen vorbereiten und organisieren müssen, als für das Kind. Tim hat sich früh an die Diät gewöhnt. Er war 3 Jahre und 9 Monate alt, als er anfing, und er weiß jetzt sehr gut, dass er kein normales Brot oder Milch essen kann und wir haben bisher kein Problem gehabt dass er diese Begrenzungen nicht akzeptiert. Wir waren immer sehr offen bezüglich seiner Diät aber wir haben deswegen nicht die Gewohnheiten der ganzen Familie umgestellt.

Wir wissen, dass er eines Tages selber entscheiden wird wie es mit seiner Diät weitergehen soll, aber im Moment sind wir recht zufrieden, dass er noch unserem Rat folgt. Seine Schule ist eine Ganztagsschule und Tim bringt sein Mittagessen jeden Tag mit (frisch von seiner Mutter gekocht). Wir waren froh als wir erfuhren, dass er nicht das einzige Kind mit Allergien und mitgebrachtem Essen in seiner Schule ist, das macht es etwas einfacher. Und die Schule ist in dieser, wie auch in allen anderen Angelegenheiten sehr kooperativ.

Tim hat sich in den letzten Jahren sehr stark entwickelt. Er hat jetzt eine Menge Ideen, eine ausgeprägte Fantasie und seine eigenen Wünsche und Träume. Wenn er groß wird, möchte er Schauspieler werden und Filme machen!

Wir denken, dass er jetzt in der Lage ist, ein unabhängiges Leben zu haben, und dass er in der Zukunft auch in der Lage sein wird einige Träume zu verwirklichen.

Ohne ein sehr intensives ABA Programm, einige sehr gute Leute in unserem ABA Team, eine sehr strikte Diät, einige weitere biomedizinische Maßnahmen und eine leicht fanatische Einstellung zu dem gesamten Projekt, wären wir heute nie da wo wir sind!
(Eltern von Tim)

****

Literaturverzeichnis:

Beckmann, G.; Rüffer, A.: Mikroökologie des Darmes. Hannover; Schlütersche, 2000.

Bell; McKinlay; Dick; Boyle; McDonald: Essential fatty acids phopholipase A2 in autistic spectrum disorders, 2004.

Calabrese, V. et al.: Mitochondrial involvement in brain funktion and dysfunktion: Neurochem.Res.26: 739-764, 2001.

Carlsson, M. L.: Is infantile autism a hypoglutamatergic disorder? Journal of Neural Transmission; 105 (525-535), 1998.

Crane, F. L.: Biochemical function of coenzym Q10 J. Am. Coll. Nutr. 20:591-598, 2001.

D'Eufemia; Finocchiaro, R.; Pacifici, L.; Celli, M. et al: Abnormal intestinal permeabilità in children with autism; acta paediatr. Sept., 1996.

Delacato, Carl H.: Der unheimliche Fremdling. Hyperion Verlag Freiburg, 1985.

DeLong, Robert; Teague, Lou Anne; Kamran, Myra McSwain: Effects of fluoxetine treatment in young children with idiopatic autism. Developmental Medicine and Child Neurology, dic; 40/8 (551-562), 1998.

Deutsche Gesellschaft für Ernährung: Empfehlungen für die Nährstoffzufuhr. Umschau Verlag, 1991.

Dingermann; Loew: Phytopharmakologie, Wissenschaftliche Verlagsgesellschaft mbH Stuttgart, 2003.

Dzikowski, S.: Ursachen des Autismus. 2. Auflage, 1996.

Fatemi, H.; Realmuto, G. M.; Khan, L.; Thuras, P.: Fluoxetine in Treatment of Adulescent Patients with Autism. J. of Autism and Developmental Disorders, vol. 28, No.4, 1998.

Finegold, S. M. et al : Gastrointestinal microflora studies in late onset autism, clinical infektios diseases, 2002.

Förstl, H. (Hrsg.): Frontalhirn, Funktionen und Erkrankungen. 2. Auflage, 2004.

Golden, T. R. et al.: Mitochondrial DANN mutation, oxidative stress and aging. Mech.aging Dev 122: 1577-1589, 2001.

Golub, M.S.; Keen, C.L.; Gershwin, M., Hendrix, A.: Developmental zinc deficiency and behavior. J. Nutr. August 1995.

Goodwin, M:S.; Cowen, M.A.; Goodwin,T.C.: Malabsorption and cerebral dysfuction: a multivariante comparative study of autistic children. J. Autism child schizophr. Jan-Mars 1971.

Gröber, Uwe: Orthomolekulare Medizin; 2. Auflage, 2002.

Gupta, S.; Aggarwal, S.; Heads, C.: Dysregulated immune system in children with autism: Beneficial effects of intravenous immune globulin on autistic characteristics. J. Autism Dev Dis; 26 (439-452), 1996.

Hacker, J., Heeseman, J.: Infektionsbiologie. Interaktionen zwischen Mikroorganismen und Zellen. Heidelberg, Berlin, 2000.

Hoffmann, G. F.; Machill,G.: 25 Jahre Neugeborenenscreening auf angeborene Stoffwechselstörungen in Deutschland. Kinderheilkunde 142, 1994.

Horvath, K. et al: Gastroitestinal abnormalities in children with autistic disorder. J. Pediatr. Nov. 1999.

Jäger, L., Wüthrich, B.: Nahrungsmittelallergien und intoleranzen. 2. Auflage; München, Jena: Urban & Fischer, 2002.

Kirkamm, Ralf: Zahlreiche Texte und Fachliteratur aus dem wissenschaftlichen Archiv von Labor Ganzimmun.

Knivsberg, A. M. et al: Arandomised controolled study of diatry intervention in autistic syndromes. Nutr. Neuro., 2002.

Kreutzig,T.: Biochemie, Jungjohann Verlagsgesellschaft, 1987.

Linday,L: Oral famotidine: Apotential treatment for children with autism. Med-Hypotheses 48/5; (381-386), 1997.

Loew, Dieter; Rietbrock, Norbert: Phytopharmaka III; Steinkopf, Darmstadt, 1997.

Lösslein, H. Deike-Beth, C.: Hirnfunktionsstörungen bei Kindern und Jugendlichen. Deutscher Ärzte-Verlag. 3. Auflage, 2000.

Martin, Michael (Hrsg.): Labormedizin in der Naturheilkunde. Urban&Fischer, 2002.

Mehl, V.: Pyrrolurie und Folgekrankheiten. J. für Orthomolekulare Medizin, 8 (103-107), 2000.

Mulder, T.P.; van der Sluys veer; et al.: Effect of oral zinc supplementation on metallothionine and superoxide dismutase concentrations in patients with inflammatory bowel disease. J. Gastrointer. Sep. 1994.

Neubauer, A.; Hahn, A.: Autismus und Stoffwechselerkrankungen, 2004.

Plioplys: Intravenous immunglobulin treatment of children with autism. Journal of Child Neurology B2 20; 13/2 (79-82), 1998.

Rapin, I.; Katzman, R.: Neurobiology of Autism. Ann. Neurol. 43/1 (7-14), 1998.

Reichelt et. al.: Probable etiology and possible treatment of childhood autism. Brain dysfunction 1991.

Rimland, B. et al: High dose vitamin B6 and magnesium in treating autism. Autism Research Institute. J. of autism and Developmental disorders. act 28/6 (581-582),1998.

Rusch, K.; Rusch, V.: Mikrobiologische Therapie: Haug-Verlag, 2001.

Rusch, V.: Bakterien-Freunde oder Feinde? Berlin, Urania, 1999.

Schöllmann, C., Zimmermann, K., Intestinale Mikroflora und Immunsystem. Edition Materia Medica, Forum Medizin; 1997.

Schwarz, S.; Schwab, S.; Hoffmann, G. F.: Enzymdefekte des Harnzyklus in der Differentialdiagnose der akuten Enzephalopathie...Der Nervenarzt 70, 1999.

Scifo, R.; Cioni, M.; et al: Opioid-immune interactions in autism: behavioural and immunological assessment during a double-blind treatment with naltrexone. Ann Ist. Super. Sanita, vol. 32, n. 3; (351-359), 1996.

Scott, M.; Koski, K.;: Zinc deficiency impairs immune responses against parasitic nematode infections at intestinal systemic sites. J. Nutr. May 2000.

Shattock, P.; Savery, D.: Autism as a metabolic disorder. Autism rearch Unit. 1997.

Shaw, William; Rimland, Bernard; Semon, B.; Lewis, L.; Seroussi, K.; Scott, P.: Biologische Behandlungen bei Autismus und PDD (Deutsche Übersetzung 2002).

Singh et al: Serological association of measles virus and human herpesvirus-6 with brain autoantibodies in autism. Clinical Immunology and Immunopathology. ant; 89/1 (105-108), 1998.

Singh et. al.: Circulating autoantibadies to neuronal and glial filament proteins in autism. Pediatr. Neurology 17: 88-90, 1997.

Singh, V. K. et al: Circulating Autoantibodies to Neuronal and Glial Filament Proteins in Autism. Pediatric Neurol. Vol. 17 No.1, 1997.

Singh, V. K.; Fundenberg, H. H.; Emerson, D. and Coleman, M.: Immondiagnosis and Immunotherapy in autistic Children, 1987.

Stohmeyer; Stremmel; Niederau (Hrsg.): Angeborene Stoffwechselerkrankungen; ecomed, 2002.

Tordjman, S.: Plasma Betha-Endorphin, Adrenocorticotopin Hormone and Cortisol in Autism. J. Child Psychol. Psychiat. Vol. 38 No. 6, (705-715), 1997.

Wahn, U.; Seger, R.; Wahn, V.(Hrsg.): Pädiatrische Allergologie und Immunologie. 2. Auflage Gustav-Fischer Verlag, 1994.

Wakefield, A.; Anthony, A.; Schepelmann, S. Et al: Persistent measles virus infection and immunodeficiency in children with autism....Gut; 42 (Suppl 1), 1998.

Wapnir, R.A.: Zinc deficiency, malnutrition and the gastrointestinaltrakt. J Nutr. May 2000.

Warren, R. P.; Foster, A. et al: Immune abnormalities in patients with autism. J. Autism Dev Dis; 16 (189-197), 1986.

Whiteley, P.; Rodgers, J.; Savery, D.; Shattock, P.: A gluten-free diat as an associated spectrum disorders. Autism tio 3/1 (45-46), 1999.